印刷的魅力

——色彩模式与工艺呈现

善本出版有限公司　编著

人民邮电出版社

北　京

图书在版编目（CIP）数据

印刷的魅力：色彩模式与工艺呈现 / 善本出版有限
公司编著. -- 北京：人民邮电出版社，2018.4
ISBN 978-7-115-47435-3

Ⅰ. ①印… Ⅱ. ①善… Ⅲ. ①印刷色彩学②印刷—生
产工艺 Ⅳ. ①TS801.3②TS805

中国版本图书馆CIP数据核字(2018)第033824号

内 容 提 要

　　一个印刷品的成功，一半取决于设计，一半取决于印刷。本书以后期的印刷色彩与工艺为主要内容，共
有 7 章，包括四色印刷、专色印刷、特种油墨、凹凸压印、烫印电化铝、UV 油墨和镂空与雕刻。每章都以
应用图解的方式详细介绍了该种印刷色彩或工艺原理，并精选了丰富的案例，供读者参考和学习。

　　本书适合平面设计相关从业人员学习和使用，也可作为艺术设计领域的参考读物。

◆ 编　　著　善本出版有限公司
　　责任编辑　赵　迟
　　责任印制　陈　犇

◆ 人民邮电出版社出版发行　　北京市丰台区成寿寺路 11 号
　　邮编　100164　电子邮件　315@ptpress.com.cn
　　网址　http://www.ptpress.com.cn
　　北京富诚彩色印刷有限公司印刷

◆ 开本：787×1092　1/16
　　印张：13.5　　　　　　　　2018 年 4 月第 1 版
　　字数：446 千字　　　　　　2018 年 4 月北京第 1 次印刷

定价：118.00 元

读者服务热线：(010)81055410　印装质量热线：(010)81055316
反盗版热线：(010)81055315
广告经营许可证：京东工商广登字 20170147 号

序　言

　　一个优秀的平面印刷品设计或产品包装，不仅取决于设计构想和通过计算机软件所完成的操作，还取决于印刷时色彩与工艺的完美呈现，对这三者的细致考量都是设计中不可缺少的环节。

　　印刷色彩将带来完美的图像质量，传递最终成品的价值。印刷工艺则会增添有感触的设计效果，表现出无限创意。

　　这本书就像一个重现印刷现场的舞台。关于什么是四色印刷，什么是特种油墨，什么是凹凸压印，什么是烫金烫银，如何在设计中运用色彩，不同印刷工艺各有什么亮点，色彩与工艺使用的范围，等等，这些令人疑惑的印刷问题，在这本书里都能找到答案。本书将与你分享印刷的精彩故事，带领你感受印刷散发的奇特魅力。

　　注1：书中部分作品在设计中使用了中文繁体文字，在此保留。
　　注2：书中讲到了专色印刷，但因成本限制，专色均以四色模拟印刷，请读者理解。

Chapter 1
四色印刷　010

Chapter 2

专色印刷   044

Chapter 3

特种油墨   082

Chapter 4
凹凸压印　118

Chapter 5
烫印电化铝　142

Chapter 6
UV 油墨 172

Chapter 7
镂空与雕刻 188

Chapter 1

四色印刷

CMYK

—

　　随着人们对色彩本身有了重新认识和更多的应用，色彩慢慢在不同媒介中呈现出多样的变化。但事实上，电子屏幕上显示的色彩并不能在纸张印刷上完全呈现，因为 RGB（色光—屏幕—数万种颜色）和 CMYK（色料—油墨—印刷四色）这两种色彩模式有着本质的区别。

　　你想知道纸张上缤纷的色彩是怎么呈现出来的吗？CMYK 是印刷上运用最广泛的色彩模式，也是四色分版所运用的叠色印刷系统，它指的是利用青色、洋红、黄色和黑色四色油墨叠印来呈现色彩。当完成一个作品的设计工作后，做好印前准备和了解 CMYK 印刷的工作原理至关重要。这一章将带你体验 CMYK 色彩斑斓的印刷世界！

—

- 什么是 CMYK
- 分色与制版
- 调幅网点与调频网点
- 网点要素

什么是 CMYK

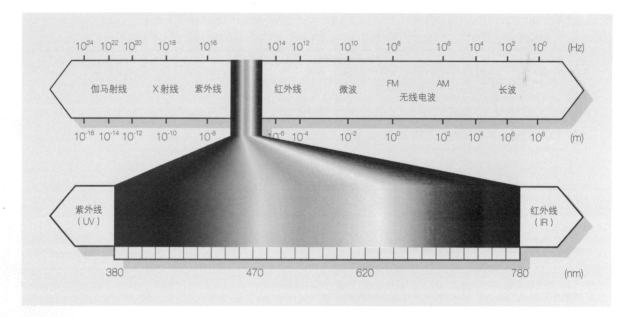

通过可见光谱（如上图所示）和色彩学的研究可知，理论上的纯黑色是完全吸收光线的，而纯白色是完全反光的。当阳光照射到一个物体上时，物体将会吸收一部分光线，并将剩下的光线进行反射，反射的光线所呈现的颜色就是我们见到的物体的颜色，即在白光中滤除不需要的彩色，留下所需要的颜色，这是一种减色的色彩模式。减色模式不仅用于可见物体的颜色中，也应用于纸张印刷的色彩呈现中。

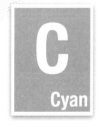

C: 100%
M: 0%
Y: 0%
K: 0%

C: 0%
M: 100%
Y: 0%
K: 0%

C: 0%
M: 0%
Y: 100%
K: 0%

C: 0%
M: 0%
Y: 0%
K: 100%

按照这个模式，现代的印刷就衍变出了 CMYK 色彩模式，如上图所示。由于 CMYK 可以最大限度地呈现这个世界的色彩，所以也被称作印刷色彩模式。它利用颜料的三原色混色原理，加上黑色油墨，共计四种颜色混合叠加，形成所谓"全彩印刷"，这也是目前印刷行业使用最广泛的一种色彩呈现方式。

CMYK 分别代表的是：
C（Cyan）= 青色
M（Magenta）= 洋红
Y（Yellow）= 黄色
K（Black）= 黑色

在实际应用中，C、M、Y 三种印刷原色是无法通过叠加调和出真正的黑色的，深褐色已是它们调和的极限。但在印刷品中，黑色的使用频率又是非常高的，因此才引入黑色（K）。它除了可以单独使用之外，还可与其他原色混合，具有强化暗色调、加深暗部色彩层次的作用。

K: 100%　　　　K: 100%　C: 30%　　　　K: 100%　C: 50%
　　　　　　　　　　　　　　　　　　　　　　M: 50%

如果单黑 K100 的印刷效果不够黑，可考虑 K100 和 C30 组合或者 K100、C50 和 M50 组合，这两种配色组合可以获得更黑的印刷效果。

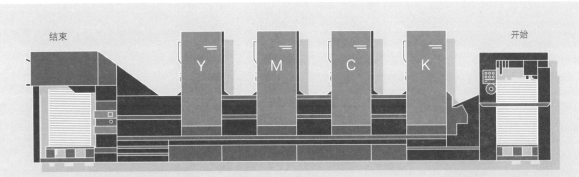

四色印刷机示意图

四色印刷机

黑通道

青通道

洋红通道

黄通道

上面展示了四色印刷机示意图、四色印刷机实拍图，以及以四个通道印刷的实拍图。

据资料显示，1906 年，CMYK 色彩模式由老鹰印刷油墨公司（The Eagle Printing Ink Company）首次发明，距今已有 100 多年的历史。他们发现，青色、洋红、黄色、黑色这四种颜色叠加，可印制出人眼可辨识的大部分颜色，且色彩鲜艳而饱满。印刷时，承印物依次经过印刷机的四个压印滚筒，每个滚筒使用 CMYK 中一种颜色的油墨。由于印版上是有网点的，所以当油墨被转移到承印物上，四种颜色套印在一起时，可形成颜色丰富的图文。

什么是 RGB？为什么不用 RGB 色彩模式印刷？

当计算机或手机屏幕上有水滴时，可以从不同角度看到红绿蓝这三种颜色。RGB 即色光三原色，主要用于计算机、投影仪、智能手机等显示设备。RGB 属于加色模式，它的色阶范围是 0~255，数值越大则色彩越亮，数值越小则色彩越暗。由此规律，当红绿蓝三色的色值均为 255 时，显示为白色；色值均为 0 时，显示为黑色。

与 RGB 不同，CMYK 属于减色模式，色值范围是 0~100%。百分比越大时，颜色越深；百分比越小时，颜色越浅。当四色均为 100% 时是黑色，均为 0 时是白色。

这两者的本质区别为 RGB 是色光（屏幕），而 CMYK 是色料（油墨）。印刷时，并不能把屏幕上显示的色彩真实再现，因此印刷时不用 RGB 色彩模式，而是用 CMYK 色彩模式。

需要特别注意的是：印刷版的设计文档，在一开始就应把色彩模式设置为 CMYK。如果以 RGB 模式进行设计，完成后再把文档转为 CMYK 模式，图像会产生色差，导致印刷效果不理想。

分色与制版

在四色印刷时，将印刷文件的图片或文字的色彩分解成 C、M、Y、K 四个色版，配合相应的 C、M、Y、K 四个印刷机通道进行印制，如左图所示。

在分色过程中，被滤色片吸收的色光正是滤色片本身的补色光，以至在感光胶片上形成黑白图像的负片，再行加网，构成网点负片，最后拷贝、晒成各色印版。这是最早的照相分色原理。

在分色过程中，制版对于印刷色彩的完美呈现非常重要，尤其是在晒成各色印版时，制版将直接决定使用的加网的类型和网点的大小、形状、密度等参数。

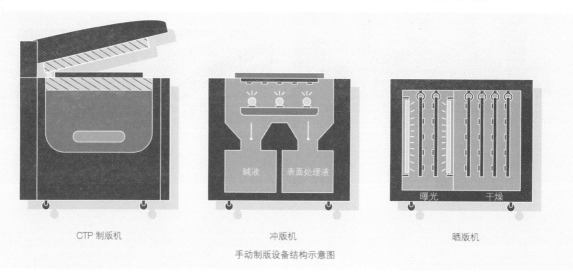

CTP 制版机 冲版机 晒版机

手动制版设备结构示意图

印刷前，对设计文件进行分色，根据青色、洋红、黄色和黑色制作四张对应的色版。最早采用照相分色原理，使用菲林制版，最后拷贝、晒成各色印版。

随着印刷技术的进步，从 20 世纪 90 年代开始逐渐发展起来的 CTP（Computer to plate）成像技术（计算机直接制版技术），可通过印前扫描设备将原稿颜色分色、取样并转化成数位化资料。CTP 制版全自动化让制版变得快捷便利，效率高，可直接把设计文件输出成印版，并且网点还原率高，计算机拼版精准，印刷质量也更高。

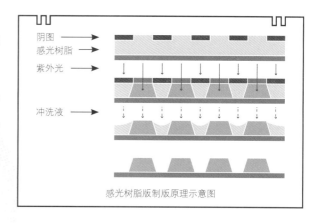

感光树脂版制版原理示意图

调幅网点与调频网点

调幅网点

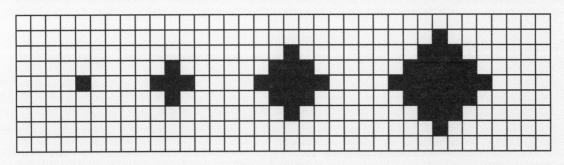

网点幅度增大

色调浅 → 色调深

调频网点

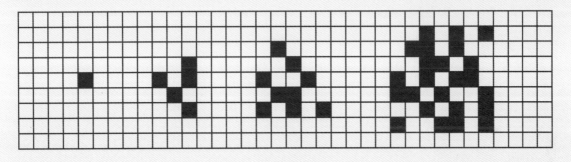

网点密度增大

调幅网点

　　在印刷过程中，对于连续调图像，必须通过加网的方式转变成网目调图像才能完成印刷。依照加网的方法，网点可分为调幅网点和调频网点。调幅网点是目前使用最为广泛的一种网点，可通过调整网点的大小来表现图像的明暗、深浅层次，从而实现色彩之间的过渡。使用调幅网点的方式制版时，需要考虑网点的大小、形状、角度、网线精度等因素。

调频网点

　　将这种网点大小固定不变的加网方式作为一种新型技术，通过控制网点的密集程度来呈现色彩的深浅、明暗层次。由于亮调部分的网点稀疏，暗调部分的网点密集，调频网点不存在网点角度的问题，因此采用调频网点进行印刷时，可以制出多于四色的印版，对原稿进行高度还原印刷，且无需考虑印刷过程中各色版的套准问题。但调频网点也存在以下缺点：由于网点细小，在晒版、印刷时容易丢失网点，造成图像层次损失；对印刷机的精度要求高，水墨平衡的控制不易掌握，会造成图像质量变差等。

网点要素

网点形状

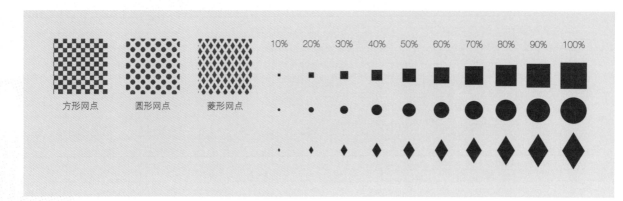

方形网点　　圆形网点　　菱形网点

　　网点形状指的是单个网点的几何形状，即网点的轮廓形态。不同形状的网点除了具有各自的表现特征外，在图像复制过程中也有不同的变化规律，从而会产生不同的复制结果，并影响最终的印刷质量。

　　网点形状分为正方形、圆形、菱形、椭圆形、双点式等，在现代的数字加网技术中，可选用的网点则更多。在 50% 着墨率的情况下，网点所表现出的形状主要有方形、圆形和菱形三种。

网点大小

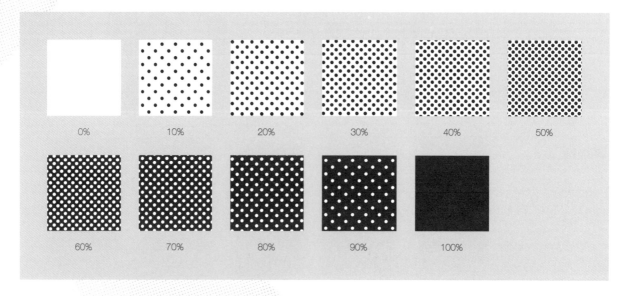

　　网点大小是由网点的覆盖率决定的，也称着墨率。覆盖率为 0% 的网点被称为"绝网"，覆盖率为 100% 的网点被称为"实地"。

　　而在印刷品的制版中，识别挂网覆盖率的百分比主要有两种方法：一种是用密度计测量，然后换算成网点面积的百分数，这种方法需要运用器械执行，比较科学、准确；另一种是用放大镜目测网点面积与空白面积的比例，比较直观、方便，但也需要经验。鉴别覆盖率在 50% 以内的网点的百分比，可以根据对边两网点之间的空隙所能容纳同等网点的颗数来辨别。

网点角度

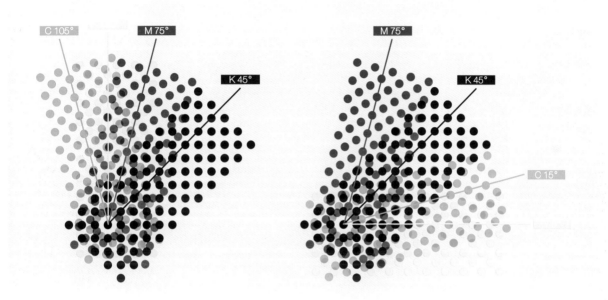

网点角度指的是四色网点之间联系在一起的角度。在印刷中，使用正确的网点角度十分重要。错误的网点角度会使印刷品产生类似水状的莫列波纹，这些波纹会影响图片色彩的呈现，导致视觉效果变差。在四色印刷当中，四色重叠后的最大角度一定要在 90°以内。

那么这四色之间的角度要如何排列呢？黄色是四色中最浅的颜色，因此会被放置在最可见的角度，即 0°或 90°；黑色作为最深色，被放在 45°；青色和洋红放在黄黑之间，青色为 15°或 105°，洋红为 75°。

加网线数

加网线数类似于分辨率，其线数多少决定了图片的精细度。一般线数越多，印刷成品就越精美，但也与纸张、油墨等用料有较大关系。一张位图的分辨率为 300 像素 / 英寸是指每英寸由横竖各 300 个方形的像素点所组成的图像。图像放大后，会发现是由无数个网点所组成的。印刷的图像是由网点组成的，因此印刷图像加网线数指的是在水平或垂直方向上每英寸的网线数（挂网线数），其单位为 Line/Inch（线 / 英寸），简称 lpi。例如，150lpi 是指每英寸有 150 条网线。

常见的线数应用如下。

10~120 线：适用于低品质印刷，如远距离观看的海报、广告等面积比较大的印刷品。

150 线：普通四色印刷一般都采用此精度。

175~200 线：用于精美画册、画报、书籍等印刷。

250~300 线：用于高要求的画册、书籍等印刷。

美术馆宣传资料

设计：*Martin Pignataro*

这是为阿根廷现代艺术美术馆（Mamba）设计的宣传册和海报。其中选用了具有现代艺术代表性的背景图片，经过艺术手法的处理，渐变的明亮色调，给人带来新鲜的未来感。

este

verano

en el

mamba

01   28

12   /02

13   /14

san juan 350
4342-3001 / 2970

JEFF KOONS

*

mamba

ED RUSCHA

01
/01
/14

ANTOLOGÍA

piso 2

60
/70

/1900   xx

/2013   xxi

323
obras

ARTE
MODERNO
ARGENTINO

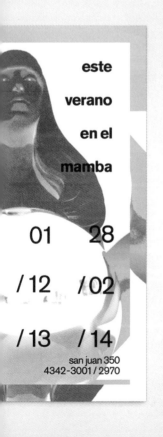

este

verano

en el

mamba

01   28

/12   /02

/13   /14

san juan 350
4342-3001 / 2970

/ omar
rayo

/ tony
delap

/ heinz
mack

FLUXUS
OP ART

MAMBA
HISTÓRICO

/   steve
winter

trey   /
ratcliff

/   scott
stulberg

toby   /
keller

/ 10
50

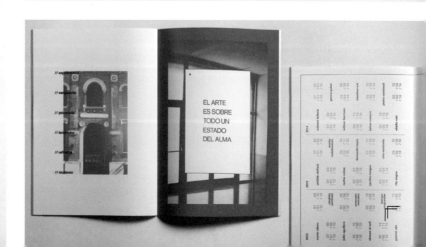

EL ARTE
ES SOBRE
TODO UN
ESTADO
DEL ALMA

NEÓN Synthwave 音乐节

设计：*Martin Pignataro*

海报有着热情跳跃的色调，让人有置身于霓虹灯音乐节现场的错觉，层次分明的图形与颜色相近的搭配，给人留下想象的空间。

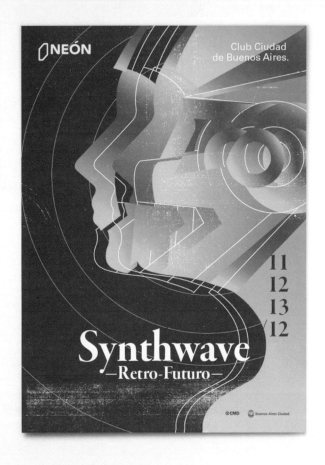

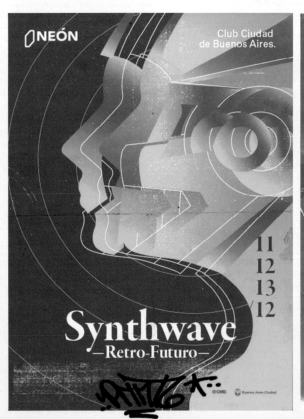

书罐

设计：*Maria Mordvintseva Keeler*

《蒂凡尼的早餐》《裸体午餐》和《思家饭店的晚餐》
这三本书的书名都带有"餐"字，内容也发人深省。基
于书籍为人类"精神食粮"的理念，本书采用罐头式包装，
罐头上的标签内容和三种不同配色都模仿罐头的做法，
以便将三本书作为人类"精神食粮"的特征形象地表现
出来。

Media Tube 画廊

设计：*Not Available (NA)*

Media Tube 是一家独立画廊，倾向于用一种激进的策展方式展示当代媒体艺术家的作品。它同时还发行一本小册子，分享艺术新闻和各种有关国际电影以及媒体艺术的评论。设计师从无线电频谱中获取灵感，以一种现代的形式呈现画廊的视觉设计，同时为小册子定制了一款新字体。

这个传记系列分别记载了葡萄牙吉马良斯市的 12 位历史人物。书籍封面运用彩色的几何图形元素，这在传记中是很少见的，该设计形式还延伸至内文，以亮粉色来突出高亮文本，注释的编排也有别于传统设计。

吉马良斯传记系列

设计：*Non Verbal Club*

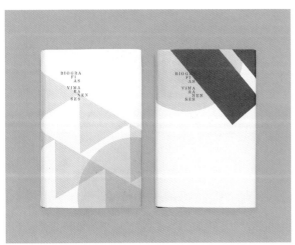

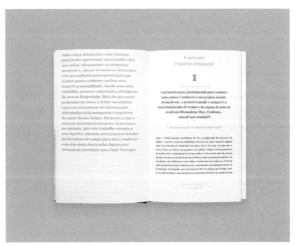

2016cmyk 四色日历

设计: *Peter von Freyhold*

这既是一本日历也是一套专业色卡。整本日历共使用了 371 种颜色，每张日历上都配有相应的色值。每天撕下一张日历，便形成新的颜色组合，撕下的日历还可装订成一个调色扇，新颖有趣。

Black Condor 是一个头发护理产品的品牌，品牌风格沿用了
20 世纪 50 年代美国洛卡比利社区的生活方式。具有复古味
道的包装盒不失现代感。一幅秃鹰的图像贯穿于整个作品，
蓝橘色搭配使设计更加清新醒目。

Black Condor 品牌

设计：*Kevin Craft*

MATHEUS DACOSTA 艺术家名片

设计：*Matheus Dacosta*

MATHEUS DACOSTA 是一位艺术家，也是一位设计师。他的名片艺术感与设计感兼备，完美地体现了他的双重身份。每张名片均采用纯手工印制，图案与配色都是独一无二的。

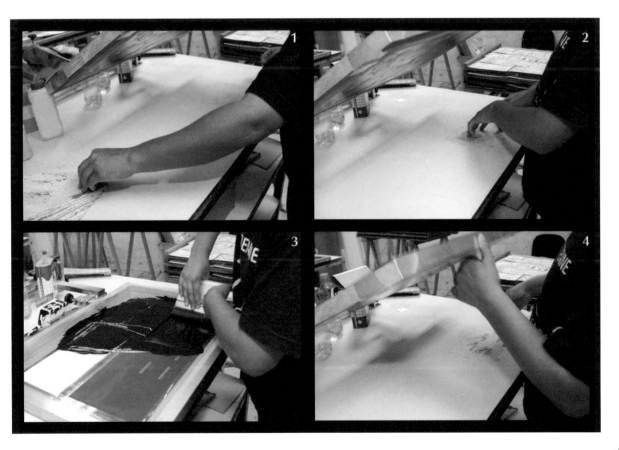

几何巧克力包装

设计：*Universal Favourite*

作为送给顾客的年度礼品，该巧克力品牌将阶梯形的巧克力用 3D 打印出来，并将两种不同口味的巧克力进行搭配，组合成一个立方体。两块巧克力的契合，传达了顾客与设计师之间的互补关系。外包装集合了巧克力的造型、几何图形、活泼的色彩、有机装饰元素，表达了一份与顾客分享的心意。

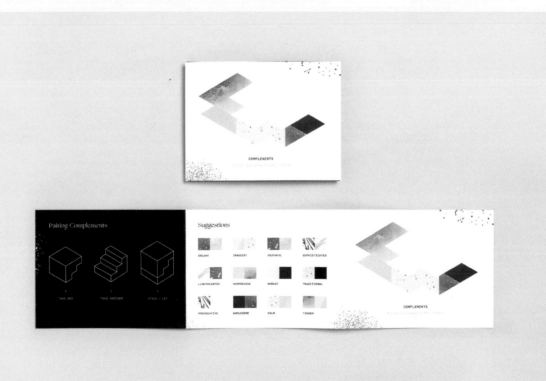

品茶时光

设计：*Knot for, Inc.*

这是两款以"品茶时光"为主题的包装纸设计。其中白底包装纸的图案采用亚克力颜料绘制而成,进而批量印制。各种茶餐具图案如茶壶、汤匙的组合形成了整体纹样。黑色包装纸则采用糖果、蛋糕、茶壶、汤匙等几何图案。重复出现的彩色图案给人梦幻感和趣味感。

八边形火柴盒

设计：*OIMU*

这个项目旨在通过重新设计包装来改善衰落的火柴业。OIMU 设计了八边形的包装盒，并采用了多种渐变色，使火柴盒的外观看起来新奇美观。

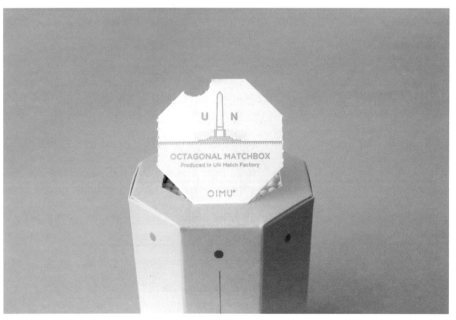
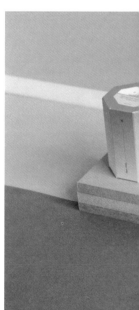

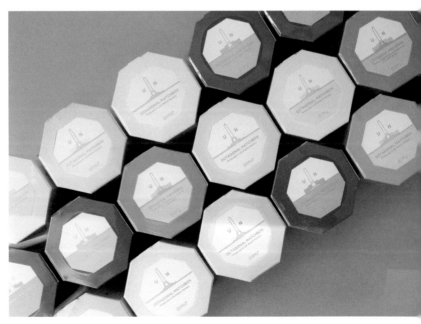

音乐专辑

设计：*Magdalene Wong*

这是为中国音乐艺人苏运莹的专辑设计的封面。画面以插画风格展现一幅狂野的自然景象，契合苏运莹富于想象力又阳光的个性。丰富的色调既满足了画面所需的内容，又呼应了光盘和盒了底封蓝黄互补的配色。

NOVELTY
APPAREL

精品店品牌

设计：*Anagrama*

NOVELTY 是一家时尚服饰精品专卖店。品牌 VI
大面积使用粉色，赋予了该品牌年轻女性的气质。
晕开的淡淡水彩痕迹以及带有拼贴画风格的促销
印刷品，强化了该品牌的时尚感。

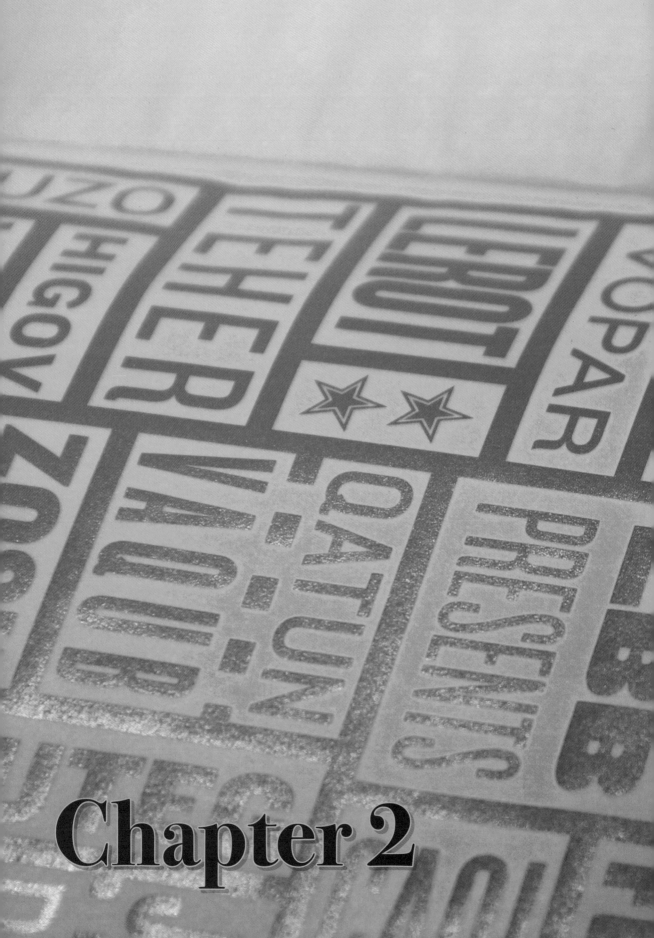

Chapter 2

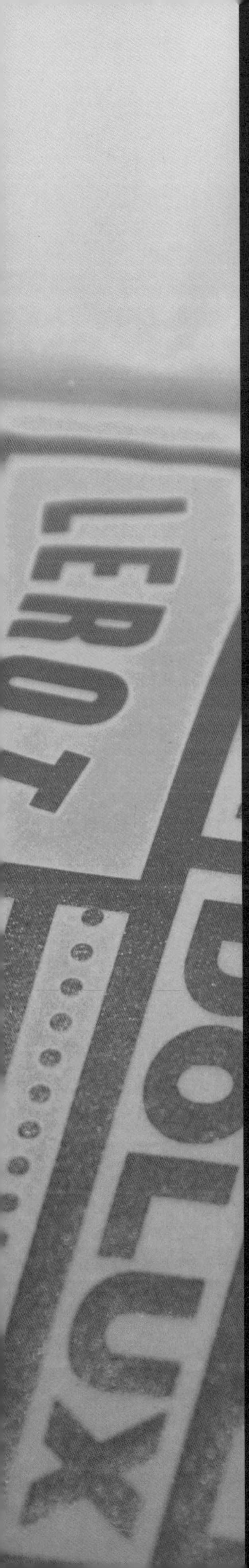

专色印刷

PMS

专色指的是印刷前已调配好的颜色，而不是在印刷过程中进行套印获得的。专色统一性更好，产生的色差也较少，对颜色要求高的设计师常使用专色印刷。很多用专色印刷的作品，其色彩都很艳丽、跳跃，因为专色的饱和度和亮度比套印的效果好。运用任何一种专色，都是为了更好地凸显印刷品的特质。选对一种专色，能为你的设计增色不少。

- 什么是 PMS
- PMS 特点与应用
- 专访劳里 · 普雷斯曼（PANTONE 色彩研究所副总裁）

什么是 PMS

在印刷中，除了四色印刷之外，还有专色印刷（PMS）。专色印刷指在印刷中不是通过 C、M、Y、K 四种颜色叠加而成的色彩，而是用一种特定的油墨印刷出来的色彩。因为此特性，专色一直都备受平面设计师的喜爱。

专色油墨都是由印刷厂预先混合好或者是油墨厂家生产的成品。在印刷过程中，每一种专色都需要有一个专门的色卡对照，这样才能使色彩更准确。尽管计算机屏幕不能准确地显示印刷颜色，但通过标准颜色匹配系统的预印色样卡，如右图所示，也能看到该颜色在纸张上准确的颜色。目前使用最广泛的专色标准系统就是 PMS（即 PANTONE MATCHING SYSTEM 的简称）。

PANTONE 是享誉世界的权威色彩系统，涵盖印刷、纺织、塑胶、绘图、数码科技等领域的色彩，现已成为设计师、制造商、零售商和客户之间色彩交流的国际标准语言。

该色彩系统的色卡包括 PANTONE 印刷色卡、PANTONE 纺织色卡、PANTONE 塑胶色卡以及其他适用于一些特定仪器的 PANTONE 色卡等。PANTONE 的每种颜色都有其唯一的编号，只要根据掌握的编号即可准确地知道所需要的色卡种类。例如，PANTONE 印刷色卡中颜色的编号就是由 3 位数字或 4 位数字加字母 C 或 U 构成的，通常标记为 PANTONE 100C、100U 或 PANTONE 1205C、1205U。字母 "C" 表示这种颜色在铜版纸（Coated）上的表现，字母 "U" 则表示这种颜色在胶版纸（Uncoated）上的表现。每种 PANTONE 颜色均有相应的油墨调和配方，配色十分方便。

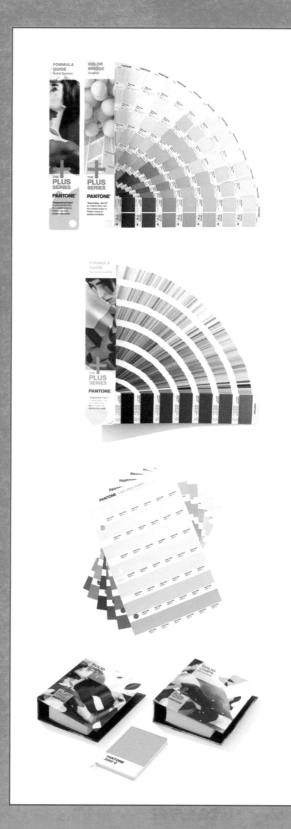

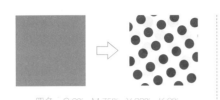

四色：C 0% M 75% Y 90% K 0%

专色：实地颜色 100%

网点放大演示图

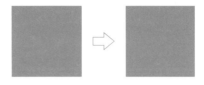

CMYK 四色套印中的印版以网点分布，并通过套印的方式获得最终效果，因此图案放大后会看到许多点与点之间的空隙，如左图所示。而专色是实色印刷，没有网点分布，印出来的图案更加饱满。

调配一种专色不仅需要把不同的颜料按比例混合在一起，还需要对颜料的重要特性进行测试，例如，颜料的附着能力、透明度和黏稠度。

油墨最开始是粉状的颜料，加入联结料及辅助剂后就获得了基本油墨，专色就在基本油墨中调制而成。在 PANTONE 色彩指南中，色彩专家会根据画面的调配比例来制作专色。但指南中的调配比例仅仅是一个开始，接下来需要测试油墨的各种特性。附着力指的是油墨附着于纸张上和前一种已印油墨上的能力。一般来讲，在大多数印刷中都会先印黑色，因为黑色的附着力最强，能够依附在纸张上。接着印青色，但青色需要有合适的附着力才能依附在纸张和黑色油墨上，而且不会完全掩盖黑色油墨。

油墨的附着能力测试完成后，色彩专家就会测试油墨的透明度。做法是将一定厚度的油墨刮在特殊的纸上，待油墨干透后，判断油墨印在白纸和深色卡纸上的能力。

另外，油墨在印刷过程中的表现与其黏稠度有关。在高速运转的平版印刷中，油墨需要有高黏稠度才不会让印出的图案模糊不清，并能够顺利从滚筒转移到印版、橡皮布上，再到纸张上。

完成以上三个测试后，色彩专家才会开始大量调配油墨，以获得最终的专色。

PMS 的
特点与应用

宽色域：专色油墨的可见光色域比 CMYK 油墨的可见光色域宽得多，因此 PMS 可以表现出 CMYK 四色油墨以外的更多颜色。

准确性：每一种套色都有其本身固定的色相，所以它能够保证印刷颜色的准确性，从而在很大程度上解决了颜色传递不准确的问题。

不透明性：专色油墨是一种具有覆盖性的油墨，是不透明的。在印刷上，专色通常都是采用实地印刷，即 100% 的网点印刷。当然，也可以给它挂网，以呈现专色不同的深浅色调。

高饱和度：专色油墨是按照色料减色法的混合原理获得颜色的，所以它的明度较低，而饱和度较高。

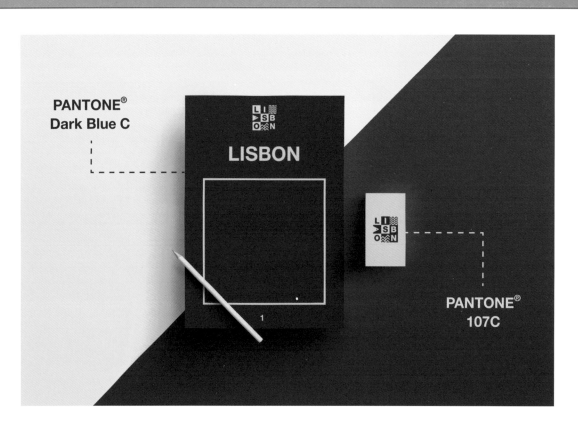

PANTONE® 107 C

PANTONE Yellow 24.90

PANTONE Warm Red 0.40

PANTONE Trans. Wt. 74.70

在 PANTONE 平面印刷色彩系统中，所有颜色都是以 Basic Colors、Pastel Basic Colors、Neon Basic Colors、Metallic Basic Colors 这四套色彩作为基础配方，对油墨进行不同比例的混合而调成的。每种 PANTONE 颜色均有一个独特的编号，以便于使用者查询。例如 PANTONE 107 C 是由 PANTONE Yellow 24.90、PANTONE Warm Red 0.40和PANTONE Trans. Wt. 74.70 混合而成的。

PANTONE® Basic Colors

PANTONE Yellow	PANTONE Red 032	PANTONE Medium Purple	PANTONE Process Blue
PANTONE Yellow 012	PANTONE Rubine Red	PANTONE Violet	PANTONE Green
PANTONE Orange 021	PANTONE Rhodamine Red	PANTONE Blue 072	PANTONE Black
PANTONE Bright Red	PANTONE Pink	PANTONE Dark Blue	
PANTONE Warm Red	PANTONE Purple	PANTONE Reflex Blue	

PANTONE® Pastel Basic Colors

PANTONE Yellow 0131	PANTONE Magenta 0521	PANTONE Blue 0821	PANTONE Black 0961
PANTONE Red 0331	PANTONE Violet 0631	PANTONE Green 0921	

PANTONE® Neon Basic Colors

PANTONE 801	PANTONE 803	PANTONE 805	PANTONE 807
PANTONE 802	PANTONE 804	PANTONE 806	

PANTONE® Metallic Basic Colors

PANTONE 871	PANTONE 873	PANTONE 875	PANTONE 877
PANTONE 872	PANTONE 874	PANTONE 876	

专访

劳里·普雷斯曼
（PANTONE 色彩研究
所副总裁）

PANTONE 色彩研究所用颜色来理解和表达人、产品，甚至是时间的情感和本质。出于对色彩的信仰，他们把色彩变成了一种有生气、有表现力、美丽而不过时的东西。当坐下来与劳里·普雷斯曼（Laurie Pressman）聊天的时候，我们感觉到了色彩信仰所传达出来的激情。

请谈一下 PANTONE 色彩研究所对色彩的理解，色彩的哪些方面让 PANTONE 色彩研究所如此痴迷？

PANTONE 人把色彩看成一种表达。因为人们生来就有被颜色吸引的倾向，所以颜色在吸引眼球、激发情感、强化产品或者环境方面，包括创造一个"魔法"或者一种情绪方面有一种独特的能力，一如 PANTONE 色彩协会的执行董事莱丽斯·伊斯曼（Leatrice Eiseman）在他的一篇名为《你的每一种情绪的颜色》的文章里提到的，正确的颜色和颜色组合可以刺激或者放松你的感官，创造快乐的记忆并影响你与你圈子里的人的人际关系。

PANTONE 色彩研究所是如何做到与亚太市场相融的？

将 PANTONE 色看作一种颜色沟通方法，并保证每种可能用到 PANTONE 色的表面、结构、材料上的颜色一致（这时色彩通常起着决定性的作用），又或者纯粹将其看作一种灵感来源，PANTONE 的色彩语言标准为全球各行业所通用。把亚太地区作为一个单独的个体来考虑的时候，我们明白虽然在网络和社交媒体的推动之下，人们对颜色的喜好日趋一致，但是亚洲地区的人们依旧有偏爱的色系。为了更好地满足这样的偏好，我们为亚太地区的客户量身订制了色彩产品和材料。

PANTONE 色彩研究所为何发起"设计色彩奖"？ PANTONE 色彩研究所如何看待颜色在品牌设计中的意义？

我们发起"设计色彩奖"是为了表示对平面设计领域的支持，同时帮助那些能将颜色出色地应用于作品中的设计师。颜色是所有设计中最强劲且最重要的因素之一，它可以传达和强化一个品牌的内涵，同时还能提高产品宣传活动的成功度。

每年 PANTONE 色彩研究所都要宣布一个"年色"。在"年色"的选择上，PANTONE 色彩研究所会考虑哪些因素？
这些标准针对的是哪类目标人群？

　　我们决定发布"年色"的时候，会先同世界各地不同行业的设计师交流。他们通常来自不同的设计领域，如时装、室内装修、美容、工业和印刷业等。他们会给出次年他们认为的对所在领域有重要意义的一种颜色。通过与诸多跨行业设计师交流，我们就可以确定一种几乎对所有年龄层的市场来说都有吸引力的颜色。通常我们会对设计师们的看法进行筛选，找出一个既有新鲜感同时也是众多行业通用的色系，然后继续缩小范围，找出色系中的一种颜色，这种颜色需要对消费者具有吸引力且适用于大多数产品和包装。最后，我们希望人们能停下来并注意到这个新色。当人们在购物的时候，颜色新颖独特的一条裙子、一条领带或一套餐盘都能引起他们的注意。当然，这也可以仅仅作为吸引人们购买新鲜物品的一个手段。

PANTONE 15-4020 蔚蓝 Cerulean Blue	PANTONE 17-2031 玫瑰桃红 Fuchsia Rose	PANTONE 19-1664 真实红 Ture Red	PANTONE 14-4811 水色天空 Aqua Sky
PANTONE 17-1456 虎皮百合 Tigerlily	PANTONE 15-5217 松石蓝 Blue Turquoise	PANTONE 13-1106 金币沙色 Sand Dollar	PANTONE 19-1557 辣椒红 Chili Pepper
PANTONE 18-3943 鸢尾蓝 Blue Iris	PANTONE 14-0848 含羞草黄 Mimosa	PANTONE 15-5519 松石绿 Turquoise	PANTONE 10-2120 忍冬红 Honeysuckle
PANTONE 17-1463 探戈橘 Tangerine	PANTONE 17-5641 翡翠绿 Emerald	PANTONE 18-3224 TPX 兰花紫 Radigant Orchid	PANTONE 18-1438 玛萨拉酒红 Marsala
PANTONE 13-1520 蔷薇石英粉红 Rose Quartz	PANTONE 15-3919 宁静蓝 Serenity	PANTONE 15-0343 草木绿 Greenery	PANTONE 18-3838 紫外光 Ultra Violet

色彩·信仰
Belief in Colors

我们开始寻找各种基本绘画颜料并将之应用于一切事物，这种现象可追溯到人类和大自然这一伟大力量共同演变之时。好奇心和各个行业的发展促使我们进一步探索颜色的连续光谱。

随着色彩学的发展，人们成功地利用专业技术开发出更多高级的色彩。但每个人的色觉是不一样的，这导致我们很难给颜色下一个定义。也正因如此，各个行业里存在着颜色误差问题。所以，人们需要制定颜色标准，以便规范用色。而PANTONE色彩系统和自然色彩系统（以下简称NCS）就是这样的两个颜色标准体系。

20世纪60年代，那时的劳伦斯·赫伯特还只是一个印刷工。当一个客户坚持认为输出的颜色不是他想要的颜色的时候，劳伦斯意识到需要为印刷工们制定一个精确的颜色匹配系统，这个系统必须公式化，从而达到可重复应用的目的。因此，PANTONE问世了。在不断发展的过程中，PANTONE不停地从视觉文化中汲取颜色，因文化、政治和历史背景的差异，不同时期往往有着不同的流行色。因此，PANTONE提供了各种颜色系统和领先技术，供数字技术、平面艺术、时尚、家居、塑料业、建筑、室内以及绘画等诸多领域进行精确的颜色选择和交流。

对于色彩来说，20世纪是一个重要的时间段。由于视觉美学的革命性变化，新标准取代了旧标准。受新技术、新发明、政治环境和个性化追求的影响，PANTONE色彩也随之发展，并打下了20世纪文化发展史的烙印。

20世纪的一个显著特征就是大屏幕的出现及其爆炸式的发展。20世纪40年代充斥着体现社会和精神阴暗面的黑色电影，其中的代表作有《杀手们》《欲海情魔》和《辣手摧花》等。在这些电影中，黑白红三色常用于塑造特定角色。例如，乌鸦黑和高风险红被用来塑造邪恶的女性角色。同时，这些颜色或电影也反映了当时的政治偏见、冷漠的人情、家庭的不稳定状态等。进入20世纪50年代，当伊斯曼·柯达公司突破当时的技术限制，上映了35mm的彩色影片时，屏幕的视觉效果变得更加柔和多彩。诸如粉红色、浅蓝色这些素雅颜色，也在屏幕女神奥黛丽·赫本（Audrey Hepburn）和格蕾丝·凯丽（Grace Kelly）的引领之下，成为新的屏幕潮流色。

在服装方面，20世纪40年代，人们开始重视服饰的实用功能，这可以从罗伯特·穆赫雷（Robert Muchley）设计的海报中窥见一斑。黝黑、橄榄灰、深褐、辣椒粉是当时的流行色。然而，第二次世界大战结束后，人们渴望轻松舒适的环境，以冷杉绿、天蓝、浅紫、玉米黄等为主色调的服饰又开始流行起来。

PANTONE起源于印刷业，对视觉文化有着非常深刻的理解，它为不同的行业研发了不同的色彩系统。

PANTONE从印刷业发展而来，他们对视觉文化有着非常深刻的理解。他们的举措有以下几项：①面向不同的行业制定了不同的色彩体系，让选色变得更加直观；②制定了丰富的专色体系，还有高级金属色和荧光色；③研发了PANTONE色彩管理软件。

在时尚、家居和室内装修等领域，PANTONE 服装和家居色彩系统是设计师用来选色与界定纺织品和服饰颜色的一个主要工具。一方面，这个系统包含了 2100 种印刷在棉布和纸上的颜色，可用来组合成新的或者概念性的配色方案。同时，PANTONE 每年宣布一种特定的"年色"（Color of the Year），譬如 2010 年是蓝绿色，2011 年是金银花色，2012 年是探戈橘色。"年色"影响了时尚、家居和工业设计等领域的产品的开发趋势。

因重视颜色的历史意义或者说颜色的概念，PANTONE 的色彩系统都基于对不同时期的典型人物的研究。而 NCS 的主要目的则是帮助语言不同或领域不同的人们进行有效的颜色沟通。

NCS 是瑞典斯德哥尔摩斯堪的纳维亚颜色研究所（Scandinavian Color Institute）发表的一个色彩体系，为建筑、设计、生产、调研和教育等领域的人们提供一种颜色沟通语言。这个体系纳入了成千上万种人眼可看到的颜色，它以六个基准色为基础，是在研究人眼的潜能和缺陷的基础上建立的。NCS 通过提供以 NCS 为基础的解决方案，帮助客户更加容易地界定和管理颜色。它不仅致力于以一种简单高效的方式将颜色视觉理论变成现实，还希望让语言不通的人们也可以轻松地跟客户进行颜色沟通。

NCS 系统是基于白、黑、红、黄、绿和蓝这六种人眼能感知的基准色建立的，这六种基准色被频繁地应用于以简单取胜的益智玩具或者其他相关设计之中。NCS 颜色一般通过三个标准来界定，即黑色的量（黑度）、色度（饱和度）和红、黄、绿或蓝中的任意两种颜色的百分比（色调）。完整的 NCS 颜色编号一般还附带一个字母，表示 NCS 系统的版本数。颜色是建筑设计和材料选择的一个重要元素。对建筑师来说，NCS 为他们提供了一种通用语言，能使建筑师们从颜色讨论的各种不确定性中解脱出来。因此，可以说 NCS 为建筑师和供应商们创建了一个平台，供他们高效地进行颜色沟通。

在设计中，选择一种合适的颜色是非常重要的。NCS 提供的各种工具，简化了设计师们选择颜色或者颜色组合的过程，并且提高了工作效率。它不仅通过不同的解决方案来帮助设计师们知晓更多的配色潮流，而且还让设计师们可以对那些用在设计中的颜色进行沟通、界定并预览效果。

对于颜料和产品生产商来说，NCS 是一个非常重要的业务拓展工具，可帮助他们在成本合理的前提下提高销售业绩。人们在使用颜色的每一个阶段，如颜色的选择、有色产品的生产和后期营销推广等，都会通过使用 NCS 现成的一些工具和服务来有效地提高生产的利润率和效率。而且在生产的每个步骤都可以应用 NCS 提供的色彩工具和服务，相当于多了一种可以提高工作效率的通用语言。因此，对于专业画家来说，NCS 其实是一种颜色语言，它能帮助他们与客户决定颜色的选用和组合。

对于教师和企业来说，NCS 是他们用来教学与研究"色彩"这门通用语言的必备材料，可帮助学生或者企业员工掌握一种国际标准的色彩语言。这种 NCS 所提供的色彩语言适用于任何指定的领域，无需考虑行业语言、材料搜集或市场类型等因素。对于那些培养的学生最终会在设计、规定、生产和评估等方面专业处理色彩问题的院校，NCS 也为他们提供了教学材料。这些材料让学生有了使用精确色卡的机会，锻炼他们的双眼，使之有辨别颜色异同的能力。同时，也培养了学生系统组合、描述色彩和针对颜色特性进行沟通的能力。

劳里·普雷斯曼
（Laurie Pressman）

主题明信片

设计：*Joe Haddad*

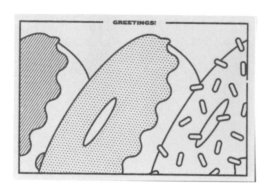

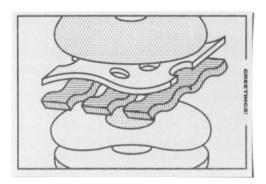

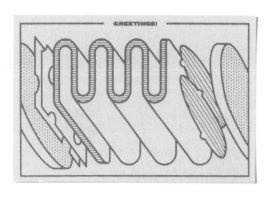

该设计灵感源自一间名为"艾森贝格"的三明治店。设计师被店里丰富的烟熏三明治和旧式装潢所吸引，因此设计了一系列展现纽约美味小食的明信片，明信片的字体设计来自店内柜台后方菜单牌上的圆形字体。

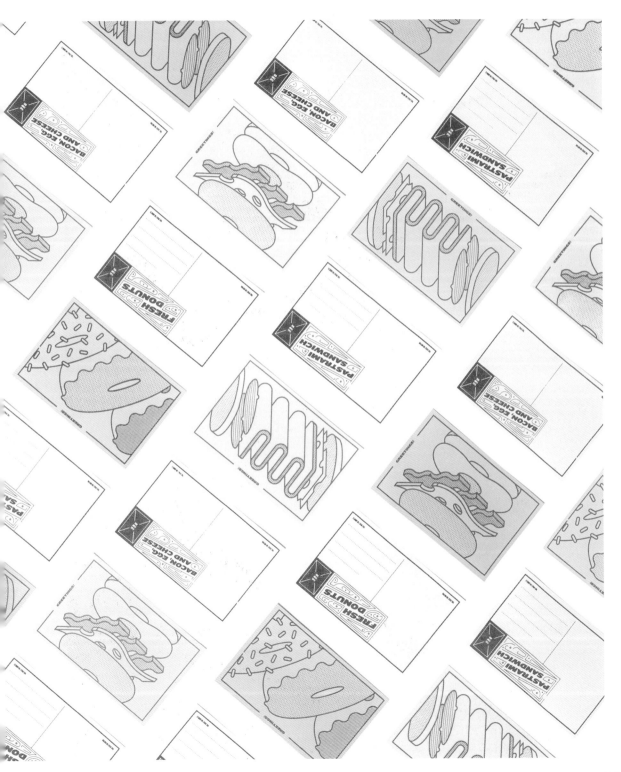

PAPA PALHETA 品牌

设计：*Foreign Policy Design Group*

PAPA PALHETA 品牌的整套形象设计是以咖啡树的可持续生长为设计理念的。为与大地色的纸袋形成对比，字体和图案的颜色选用流行配色——荧光橙色与蓝色，使咖啡豆普通的棕色包装变得生动、特别。

玫瑰之名

设计：*Zhang Yazhou, Huang Shu*

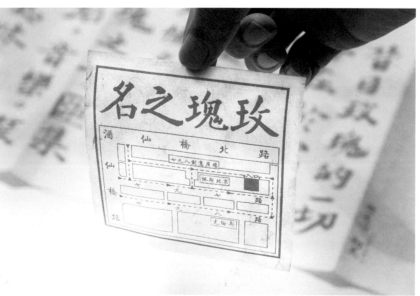

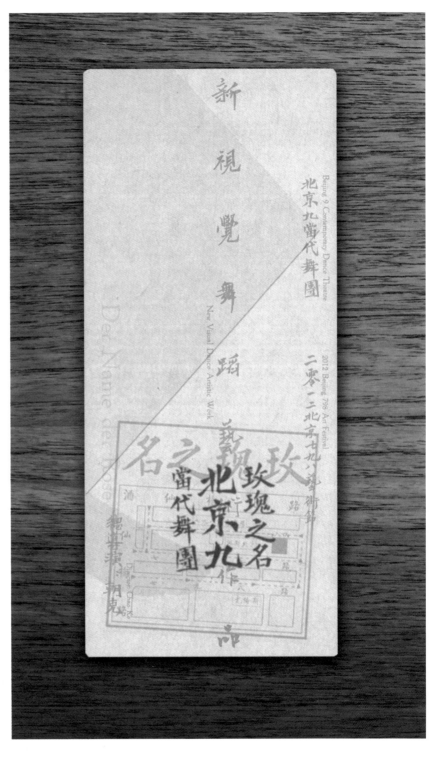

该作品本身兼具海报和邀请函的双重功用。海报以中国手工宣纸为载体，仿照中国古代经卷版式的书写结构，再经过纯手工制作而成。海报以玫瑰色单色印刷，意在呼应舞蹈的主题"玫瑰之名"。

新年贺卡

设计: *Studio-Takeuma*

十二生肖是中国重要的文化符号，许多新年贺卡
都以十二生肖作为设计主题。该工作室结合漫画
风格和俏皮条纹，设计出独特的十二生肖新年贺
卡，色调明快活泼，唤起了人们小时候看与十二
种动物相关的童话故事的美好记忆。

马戏团主题书籍

设计: *José Luís Sousa Dias*

这是一本关于马戏团BRAVO BROTHERS
的书。书的封面采用丝网印刷，上面的
文字信息用荧光橙油墨印刷在黑色 Plike
纸张上，以凸显文字信息。因 Rives 纸
可以让书里的插图颜色更加鲜艳，该书
内文使用了 Rives 纸进行印刷。

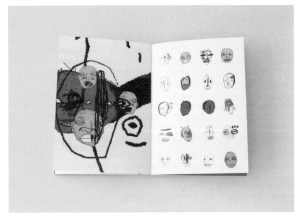

婚礼邀请卡

设计：*HOUTH*

这场婚礼有别于传统婚礼，其举行地点是在山上。该邀请卡上有趣的插画元素体现了欢乐的气氛，同时表现出婚礼场地的特征。桃红与墨绿的配色让每一幅插画看起来都更加吸引人。

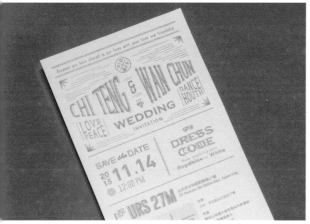

Moby Digg 为 Aloa Input 的新专辑《Mars etc.》设计封面。红蓝两种对比色形成了强烈的视觉效果，红色封套上的蓝色波点产生了一种流动的画面感，新奇的排版和扭曲的字母给整个画面增添了超现实的感觉。

Mars etc. 专辑封面

设计：*Moby Digg*

BEAR CLOTHING UK 品牌

设计．*Tiago Machado*

BEAR CLOTHING UK 是一个时尚服装品牌。一个个棕熊
头部的图标贯穿于整个 VI 设计中，设计师给每个图标添
加了不同的装饰元素，如帽子、围巾、眼镜等，这样既
呼应了品牌的名字，又使这些图标的风格诙谐、有趣。
这个设计中的所有图标都由简约的红蓝色线条构成。

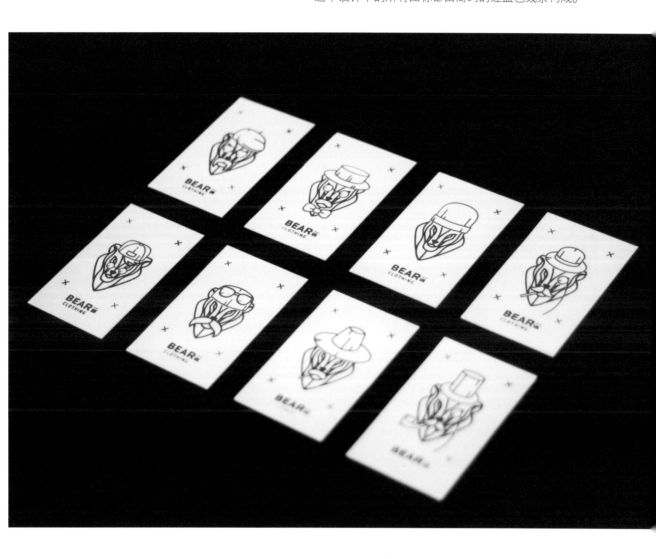

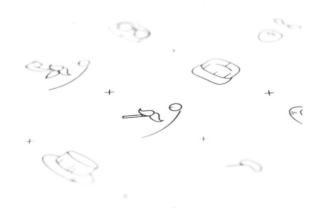

阿根廷餐馆品牌

设计：*BOSQUE*

La Fábrica del Taco 是一家阿根廷餐馆。它的 VI 设计用色非常丰富，菜单、调味酱瓶、制服、壁画、招贴和家具等都被彩色点缀，将餐馆营造成一个温馨而有趣的用餐空间。

LAD 设计节

设计：IS Creative Studio

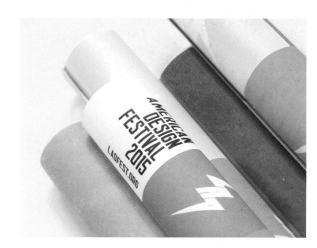

LAD（LATIN AMERICAN DESIGN）是一个致力于将拉丁美洲的设计推向全球的设计节。
该活动 VI 的图案与色彩设计源自安第斯的织物、雨林部落和昆比亚舞蹈。荧光色在拉丁
美洲非常受欢迎，尤其是秘鲁（它是第一届 LAD 的举办地），因此横幅和路标上大量
使用了荧光色。织布采用丝网印刷和手工上色来完成。

JAMESON 品牌

设计：*Steve Simpson*

JAMESON 是爱尔兰的一个酒类品牌。此设计是一款第五个年度限量版的酒瓶设计。绿色调的标签是一幅都柏林城市地标图，同时也匹配了酒瓶的颜色。设计师通过巧妙的排版和银色油墨印刷，凸显了标签上的口号"不管身在哪里，都柏林是我心中的家"，表达了对都柏林这座城市的敬意。

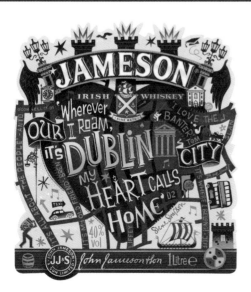

Indumex 品牌

设计：*Firmalt*

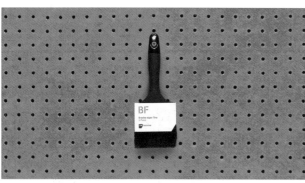

Indumex 是一个出售建筑类五金器具的一站式服务店铺。该品牌的 VI 设计选用蓝色和橙色两种色调，蓝色代表信任，橙色代表胆量，这两种色调形成的强烈对比体现了品牌在商业市场中的活力与创新精神，同时也展现了品牌专业、充满亲和力的形象。

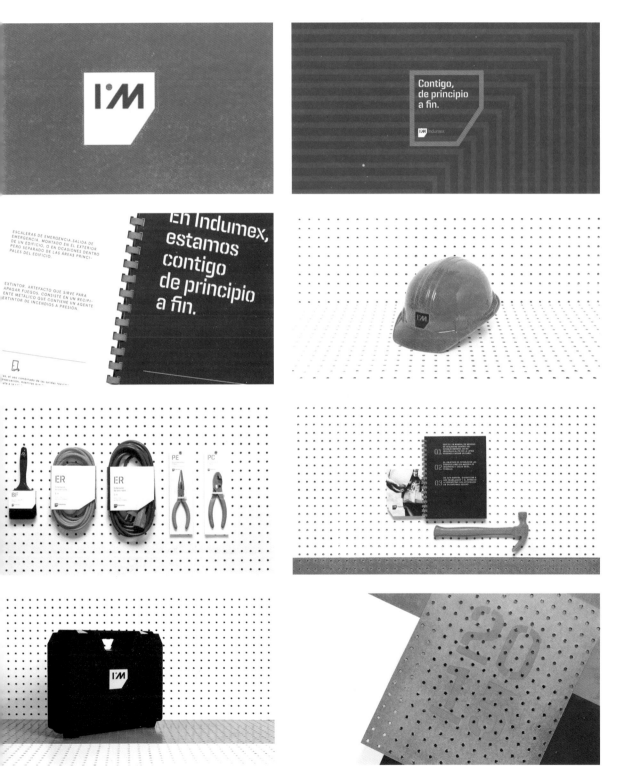

卡托维兹街头艺术节

设计：*Marta Gawin*

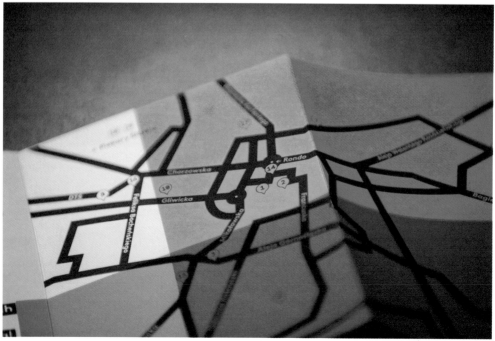

卡托维兹街头艺术节的宣传册封面设计采用丝网印刷工艺，由两种几何图形叠加而成，色彩保持在 3 种以内，并配以专色荧光油墨，使不同颜色的图形叠加时又可以产生新的颜色。当册子进行 90°翻转后，一共可形成 62 种不同图形的封面，由此也可体现出艺术节的活力和独特的创意。

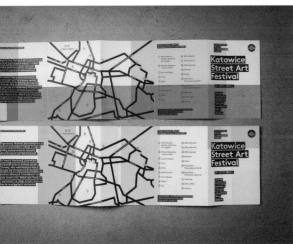

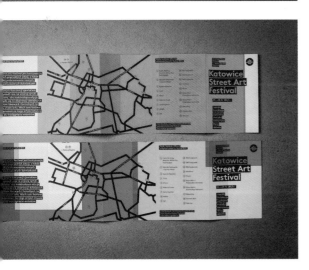

Chapter 3

特种油墨

Special Effect Inks

—

　　优秀的设计创意往往由印刷材料和工艺共同实现，因此才更能打动受众。如果说 CMYK 四色印刷可以基本满足印刷品的实用性和功能性，则特种油墨能更完美地实现印刷品的艺术审美性。若你的作品需要更漂亮、更新奇、更独特的色彩，特种油墨将作为创意的一部分，是值得你考虑的要点之一。

　　有的特种油墨在视觉上和普通油墨没有太大区别，但由于含有某种特殊的成分，就具有了特殊的效果。有时，选好一种油墨甚至能够超越创意，因为油墨本身也能成为创意的源泉。当视觉图像的设计之美和特种油墨中美妙的成分融合在一起时，将给设计作品带来前所未有的视觉效果。

—

• 金属油墨

• 荧光油墨

• 感温油墨

金属油墨

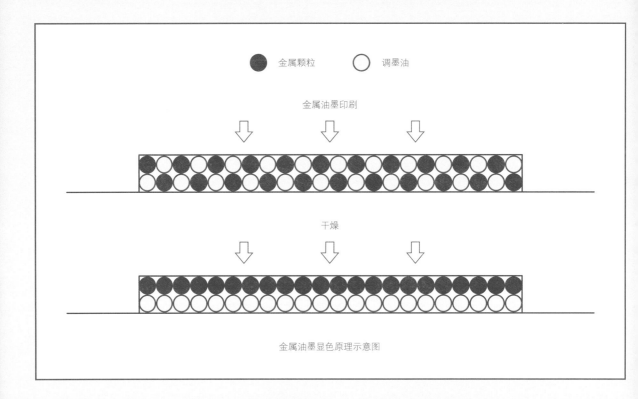

金属颗粒　　　调墨油

金属油墨印刷

干燥

金属油墨显色原理示意图

金属油墨是常用的特种油墨之一，上图为金属油墨显色原理示意图。金属油墨含有由金属薄片研磨成的细小颗粒，因此具有独特的金属光泽与质感，常用的配制材料有铜、铝、锌等金属。在金属油墨的基础上，也可加入其他颜料，形成具有特殊色彩的油墨，它被称为着色金属油墨。

油墨成分

金属油墨中应用最广泛的有金、银油墨，在印刷中简称为印金、印银，其视觉效果华贵优雅，色彩饱和。组成金、银油墨的成分主要有两种：颜料（色彩）和联结料（调墨油）。

金墨中的配制颜料俗称"金粉"，是由铜、锌合金按一定比例制成的鳞片状粉末。金粉中若铜的含量在85%以上，则金墨的颜色偏红，习惯上称为红金；如果含锌量在20%~30%，金墨的颜色偏青，一般称为青金；介于红金和青金之间的称为青红金。在红金或青红金油墨中，有时会加入少量的黄色油墨，可提高墨层的亮度和色彩的鲜艳度。银墨的配制颜料是铝粉，由65%的鳞片状铝粉与35%的挥发性碳氢类溶剂组成，铝粉颜料的比重较小，易漂浮在液体上。

金、银墨中采用的联结料是一种特殊的调墨油，一般称为调金油或调银油，其主要成分是油、树脂、有机溶剂辅助材料等。在银墨中，可适当加入白色油墨，可增强银墨层的白度与亮度。

许多特种油墨要通过丝网印刷才能得到更好的表现效果。理论上，丝网印刷以80目最为常见，加网线数越高，印刷的图像层次越丰富，色彩过渡越自然平和，色调越柔和。但过高的加网线数也会造成糊版等现象。通常情况下，胶版印刷能够复制3%~98%的网点，而丝网印刷只能复制15%~85%的网点，也就是说，低于15%和高于85%的部分都会造成细节的损失。因此，在印刷特种油墨时，一定要考虑制定合适的加网线数。

印刷适性

油墨在干燥的过程中，金属颗粒会上浮到油墨表面，进而产生反光的效果，这样我们才得以看到金属油墨所呈现的特殊光泽。金属颗粒摩擦会造成脱落的情况，因而印刷时耐摩擦性成了需要考虑的重要事项。

涂布纸通常被选为承印纸材，然后将金墨印刷在涂布纸上，因涂布纸的纸面平滑，所以可以降低印刷过程中金属颗粒的摩擦。此外，相对于非涂布纸，涂布纸的表面更加紧实且气孔少，油墨颗粒不会沉淀，因此可以获得最佳的金属效果。

金属油墨适用于丝印、胶印、凹版。具体选择哪种方式，可根据油墨的粒径来决定。例如，较为精细的金属颗粒能确保在印刷中顺利传墨，比较适合胶印；凹版和丝印能容纳粒径较大的油墨，其中凹版能够获得最佳品质的金属效果；而丝印对油墨粒径有最大的适性，且能适应多种承印物的表面特性，因此被广泛运用于金属油墨的印刷中。

印刷色序

金属油墨在印刷色序上并没有严格的限定。与普通油墨相比，金属油墨的透明度较低，覆盖能力较强。因此，当和其他颜色的油墨叠印时，应视想要呈现的色相和金属效果来确定色序。印刷时，一般为了凸显油墨的金属质感，会将其作为最后色印。

享誉全球的色彩管理系统 PANTONE 所提供的是七种阶调的金属油墨，从 PANTONE 871 到 PANTONE 876 是由金墨过渡到铜墨，PANTONE 877 为银墨。而其采用的印刷色序往往是先印刷一层金属油墨，再让金属油墨与其他专色或者 CMYK 四色相叠加，进而调制其他色相的金墨。此外，叠印上去的油墨可以作为保护层，防止油墨中金属颗粒的磨损和脱落。

荧光油墨

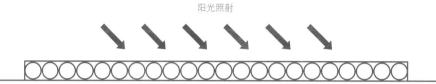

阳光照射

吸收紫外线转化为能量

以可见光形式释放

荧光油墨显色原理示意图

　　荧光油墨是由发光颜料制成的油墨，即在普通油墨中加入相应的荧光化合物，上图为荧光油墨显色原理示意图。普通油墨通过反射光来显示颜色，而且每种油墨颜色的波长和输出能量也不同。例如，红光反射红色，吸收其他颜色；而荧光红色不仅可以部分反射红色，而且还把其他颜色（如绿色、蓝色、紫色）转换成红色波长，以红色散发出来，就像是从物体内部散发出来的一样。正是这种发光的属性使该油墨被称为荧光油墨。

油墨成分

　　荧光油墨是一种包裹在树脂载体中的荧光染料。其中，荧光染料是一种具有特殊结构的化合物，使油墨具有了发光的属性。我们通常所说的荧光油墨是指有机荧光油墨，也称为日光／紫外荧光油墨（夜光油墨被称为无机荧光油墨）。

　　油墨在阳光的照射下吸收太阳光辐射的能量并将其储存起来，然后以热的形式表现出来，或者发生光化学反应，或者能量以可见光的形式散发出来。吸收的辐射能比散发的能量波长要短。人们把吸收不同颜色的光后散发出来的现象称为荧光；把吸收光以后在黑暗环境中发光的现象称为磷光。二者的不同之处是磷光吸收自然光或人工光，在光移走之后的黑暗环境中发光，而荧光在吸收光之后必须在光存在的情况下才可以发光。荧光油墨在"夜光"或者紫光存在的情况下也可以发光，但是在黑暗无光的情况下不发光。荧光油墨不但能够表现出它本身的颜色，而且具有吸收光和改变光强度的能力，这使得它表现出的颜色具有更高的光强度，但色相（或颜色）不变。

　　用荧光油墨印刷的图文可将紫外线短波转为较长的可见光，进而反射出绚丽的色彩，因此具有一定的防伪和宣传效果，适合在公文、有价证券、证件上印刷，并适用于高级烟、酒、药品、化妆品等名牌商品包装的印刷。

印刷适性

当没有特殊颜色要求时，选用红色、黄色荧光油墨最佳。其原因是荧光油墨的荧光色有红、黄、绿三种颜色，绿色油墨在底色较浅或白色底上印刷时，需要墨层达到一定的厚度，荧光效果才较为理想。其中红、黄油墨的透射光线与紫外荧光线的波长差距较大，因而产生的荧光色最为明显。

荧光油墨是透明的，质地稀薄，一次压印往往不能达到理想的印刷效果。因此，在选择承印纸张时，应首选有较好油墨吸收性的非涂布纸，而且要选择偏白或偏亮的纸。因带有色彩的纸张往往会削弱油墨的明度，从而影响荧光效果。承印物底层白度越高，荧光效果越明显，所以在印刷的时候往往在承印物的表面预涂不透明的白色底层。

在印刷方式上，荧光油墨在胶印、凹凸印、丝印中均适用。其中，凹版和丝印是比较推崇的两种，因其能在印刷时形成较厚的墨膜，而墨膜越厚，油墨的耐光性越强，荧光效果也就越好。（用荧光油墨进行丝网印刷时，

丝网版必须具有抗溶剂性。例如，漆涂刀刻丝网版就不能用快干型荧光油墨。）另外，采用平版胶印或者吸墨性较差的涂布纸时，一般需要印刷两次才能获得理想的油墨密度。

印刷色序

合理安排荧光油墨色序是印刷制作中至关重要的一环。为了最大限度地呈现荧光效果，荧光油墨一般最后印，以免被其他油墨遮盖。

荧光颜色在黑暗的环境中和反差较大的颜色的衬托下最能发挥它的优势，特别是在白色表面上，会显得非常亮。为了获得最佳的视觉效果，荧光颜色一般不要单独使用。例如，与CMYK叠印时，需要先印四色，待其干透之后再印荧光油墨。有些情况则是特意使用荧光油墨作底色，再与同类色进行叠印，这样既能提高单色的饱和度，也能提高油墨本身的耐光性。

感温油墨

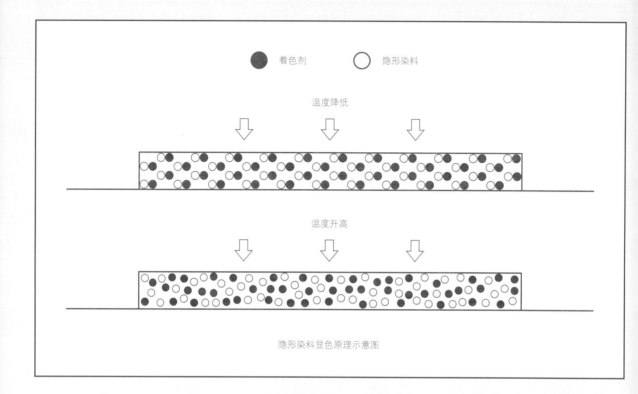

着色剂　　　○ 隐形染料

温度降低

温度升高

隐形染料显色原理示意图

感温油墨，又叫热感或温变油墨，是一种随着环境中温度的变化或与油墨接触介质的温度的变化而变色的特种油墨。感温油墨主要有以下三种。

1. 可逆消色油墨：变热后原有颜色消失，降温后又可恢复原有颜色。

2. 可逆显色油墨：原本印刷品为无色，加温后显示出设定的颜色，降温后则恢复无色。

3. 可逆变色油墨：印刷品原有颜色随着温度升高显现为另一种设定颜色，降温后恢复为原有颜色。

油墨成分

感温油墨不仅具有普通油墨的装饰效果，还有可以从无色变为有色、从有色变为无色或者从一种颜色变为其他颜色的属性，这些奇妙的变化给人魔术般的趣味感。液晶和隐形染料这两种物质让油墨具有温变的特性，基于这两种成分，感温油墨大致可分为两种：液晶油墨和消色（即隐形）油墨。当着色剂、控温剂、液晶（或者隐形染料）这三者封闭于微型胶囊中，便成了感温油墨的主要成分。

液晶油墨其本身是无色透明的，之所以呈现出颜色的变化，是因为液晶分子的光学特性使其可以将某一种特定的色光反射为其他色光。而温度的变化能引起这种光学特性的改变。因为温度上升，液晶分子的排列会发生变化，从而反射出不同的色光。

作为消色油墨的主要成分——隐形染料，它有这样的特性：当温度较低时，控温剂呈固态，此时被控温剂包裹的着色剂和隐形染料发生亲密接触而显示颜色；当温度升高时，控温剂溶解为液态，着色剂和隐形染料互相分离，因此颜色便消失了。上图为隐形染料显色原理示意图。

印刷适性

　　感温油墨适用于平版胶印、丝网印刷以及凹版印刷。由于油墨微胶囊的直径（液晶油墨为 $10\mu m$~ $30\mu m$，隐形染料为 $3\mu m$~$5\mu m$）相比普通油墨颗粒要大得多，为避免印刷过程中胶囊被破坏，往往会采用丝印，而且是目数较低、网孔较大的粗丝印。具体目数需要根据微胶囊的直径和墨层厚度确定。（目数表示丝网的疏密程度，目数越高，丝网越密，网孔越小。）

　　在印刷液晶油墨时，需要将底层预涂为黑色或者深色。因为该油墨是通过液晶反射的光来呈色的，而透过液晶层的光需要先被吸收，此时深色预涂底层就可以充当光的吸收层。

　　消色（隐形）油墨通常会叠印在原印刷内容的最外层，以进行遮盖。触摸等操作可以丰富印刷品表面的层次和效果。

艺人希望以黑、金两色区分专辑中的现代与经典曲风。词本的设计以黑线装的双封面为特色，在以 M 形折叠出的两个空间中再分为黑、金两个词本，而封面与内页的内容皆以金墨与局部上光的方式呈现。光碟在制作上也分为黑、金两碟，采用的方案是在印黑的区域先以白墨铺底，在印四色仿金的区域则保留光碟的银色，最后以四色叠印于特殊白墨底之上。由于银色会从四色仿金的油墨中渗透出来，所以可以达到黄色渐变的效果。

专辑《JTW 西游记》
黑金双碟

设计：*Aminus Ltd.*

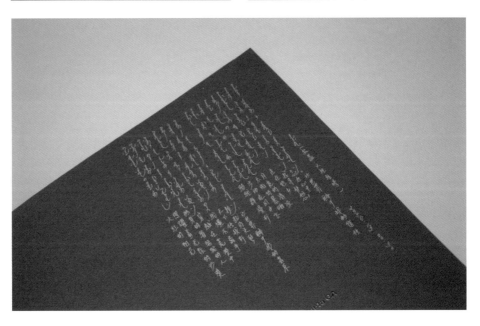

二〇一六 "佳节人长久"
中秋月饼

设计：*XY Creative*

月饼盒体的制作平衡了纸张与印刷工艺两者之间的关联。盒外卡片选用手感极好的米白色美肌纸，运用烫印红金工艺制作而成；盒内卡片与月饼馅料的简介选用白色新鳞纹纸进行专色印刷。当盒子被打开时，让人有五感交融的体验。

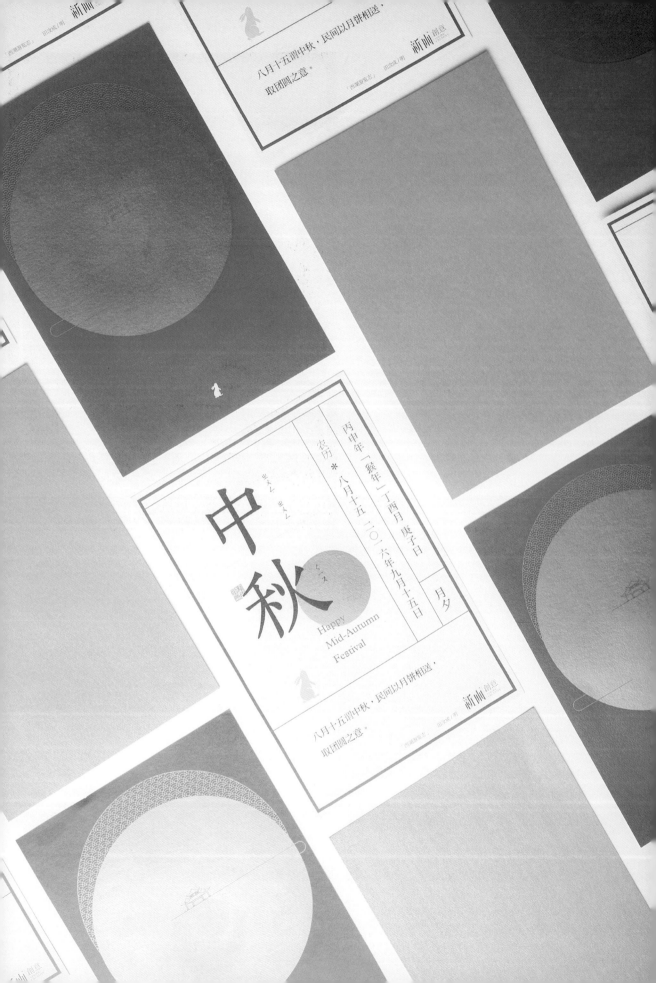

生肖新年卡片

设计. *Hong Da Design Workshop*

这不仅是一张新年贺卡，同时也是一个可供查询、对照的设计工具。贺卡上的数字起源于网路游戏用语，"OK"的手势像公鸡的侧面。常用的字号、不同长短粗细的线条采用丝网印制，将特色金（接近 PANTONE 871U 金属色）、荧光红（接近 PANTONE 812U）油墨印于半黑纸（正面黑/背面灰）上，兼具趣味性和实用性。

杨袁喜帖

设计：*Hong Da Design Workshop*

该喜帖运用新颖可爱的元素，并重新设计了专属的标准字体。该喜帖跳脱了台湾传统喜帖在深红厚卡上烫金的制作方式，选用美禾纸，以丝网印金、荧光红等特殊色，使喜帖具有新的样貌。东方元素的融入使其更具新鲜感。

7CYCLE 工作室

设计：*ACRE Design*

7CYCLE 作为一个室内健身工作室，将健康的生活方式视为一种乐趣。其标志为七个旋转的荧光橙图形，象征七个营养健康指标，在紫外线的照射下，在黑暗中隐隐发光，给人动态的体验。同时，室内运用黑光灯和霓虹灯营造出更轻松的气氛。

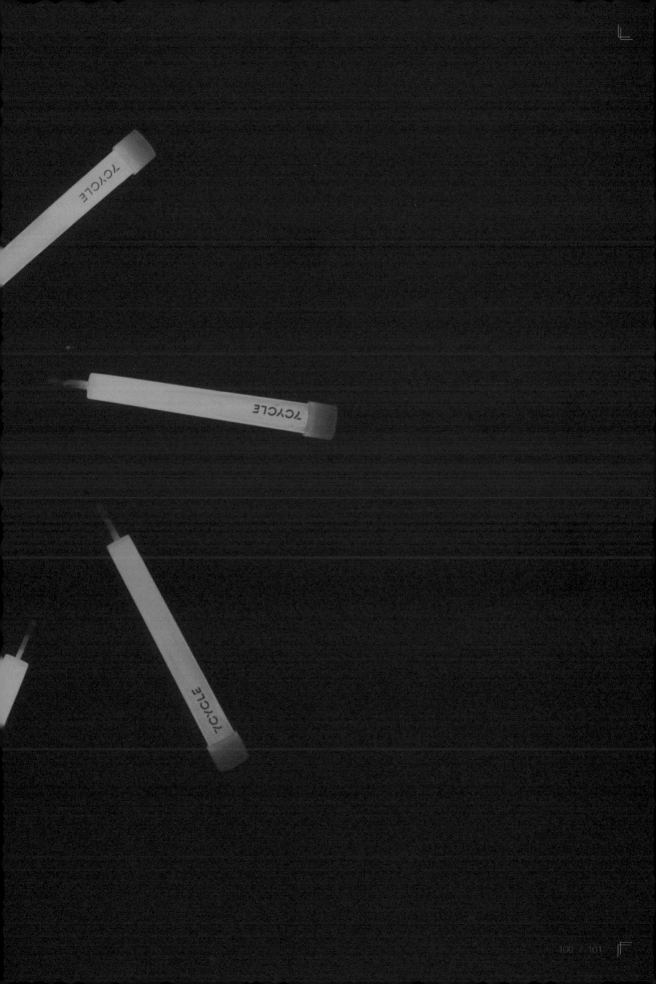

诗人书籍

设计：*Marton Borzak*

P.S. 是由 Tibor Borzak 所著的书，书中记录了一次探险之旅：在 1989 年的一次探险中，人们在西伯利亚发现了一具与伟大的匈牙利诗人 Sandor Petofi 吻合的骨骼。这本书把与这次探险相关的真相与记载串联起来，以揭开骨骼的许多谜团。该设计受到间谍故事的启发，设计师将自己的评论和插图注解用 UV 油墨印刷，而这种油墨只有在紫外光的照射下才能显现，这给读者带来了一次神秘的阅读体验。

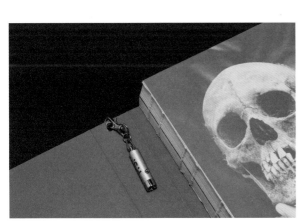

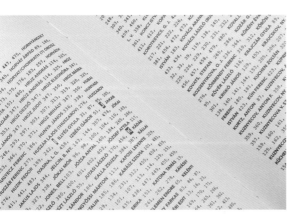

NÖRDIK IMPAKT 文化节

设计：*Julien Alirol, Paul Ressencourt*

此次 NÖRDIK IMPAKT 文化节的主题为"夜曲"。在这场电子音乐盛会中，举办机构推出全新的设计想法：海报和邀请卡可以使用两种阅读方式，既可在光照下又可在黑暗中进行阅读。因此，纸质太阳眼镜、海报和邀请卡上的图形均用荧光油墨印刷，当灯光熄灭时，可展现如电子光般的效果，非常符合活动的主题。

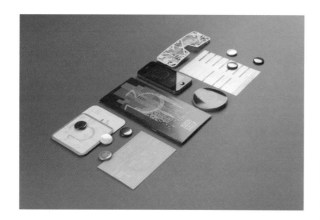

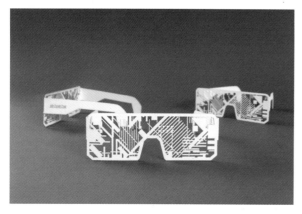

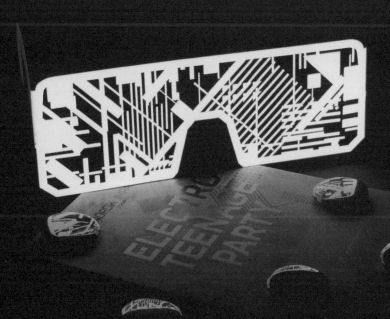

ADCC 广告俱乐部

设计：*Vanessa Eckstein, Patricia Kleebery, Kevin Boothe*

这是为加拿大广告设计俱乐部(ADCC)设计的宣传册子，意在吸引更多新成员加入。该设计形式大胆，选用荧光油墨印刷册子的每个小封面，以制造出霓虹灯般的色彩效果，吸引大家的眼球。

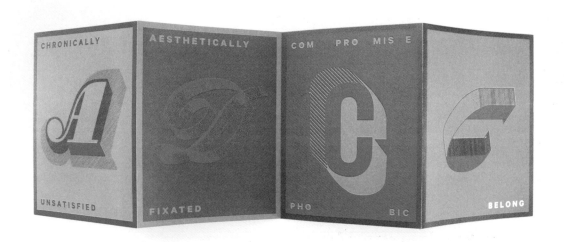

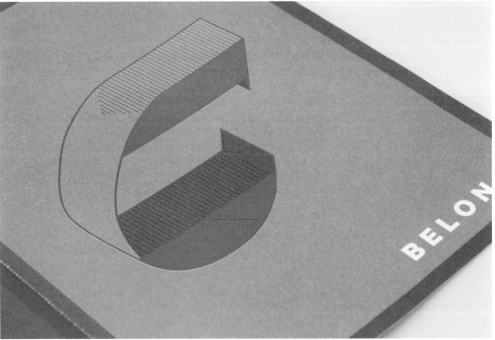

"生命"主题专辑

设计. *Typical Organization*

设计师以火、水、空气、地球为专辑设计的主要元素，意在营造一个在自然形式下物质与生命体彼此依存的意境。在粗糙不平的黑色封面表面，选用感温油墨和丝网工艺完成插图印刷，让专辑在与人接触时，随着人的体温变化形成一种全新的封面纹理，同时显现出封面上隐藏的信息和特殊的符号。

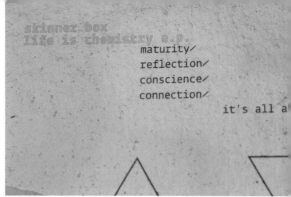

skinner box
life is chemistry e.p.

maturity/
reflection/
conscience/
connection/

it's all a

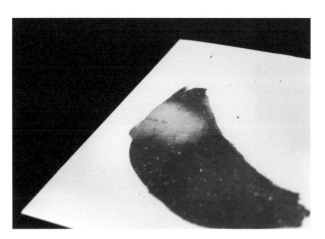

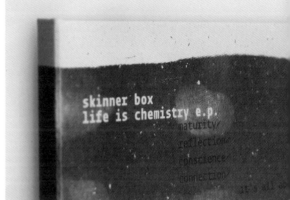

skinner box
life is chemistry e.p.

maturity/
reflection/
conscience/
connection/

it's all a

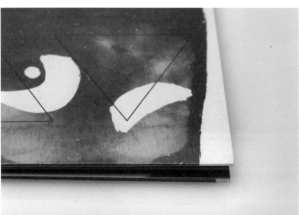

N. Daniels Wien 名片

设计: *Isabella Meischberger*

Natalie Daniels 是维也纳有名的摄影制作人。该系列个人形象标识套装选用热敏油墨印刷而成，每一张方形的名片如同一台微型相机，显示制片人的职业特性，也与潜在客户产生联系。黑色卡片表面随触摸时温度的变化而产生白色的图像，又随纸张油墨冷却后显现出标志。名片简约而不失特别的设计风格，传达出制片人专业的形象。

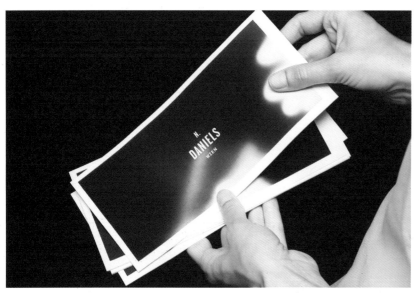

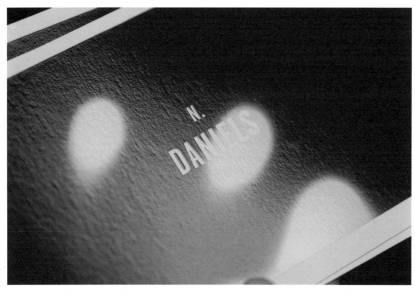

感温变色名片

设计：*Cheryl Smith*

这是对名片的一次具有实验性的尝试。该设计打破传统的名片媒介和形式，以特种油墨在空白的纸张上完成重要信息的显示，给人带来多角度且令人惊叹的视觉效果。

Chapter 4

凹凸压印

Embossing and Debossing

—

    凹凸压印是一种常见的印刷加工工艺。凹凸压印的两块印版，一凹一凸，两块阴阳印版要互相平衡、完美咬合。这就像设计师在设计时，需要平衡内在的灵感与外界的审美一样；就像印刷工在工作时，需要平衡设计的需求和印刷的实际操作一样；就像设计师与印刷师如要极尽所长，则需要协调内在的渴望与追求，以及与外界的期待一样。只有相互协调与平衡，才能做到最佳。

    印刷品中的效果，或凹或凸，看似低调，不被注意，实则高雅且极具质感，立体的图案也备添互动的趣味性。

—

- 凹凸压印的特点与应用
- 压印模板的种类
- 凹凸压印的种类
- 凹凸压印材料的特点
- 压印模板的角度与深度

凹凸压印的
特点与应用

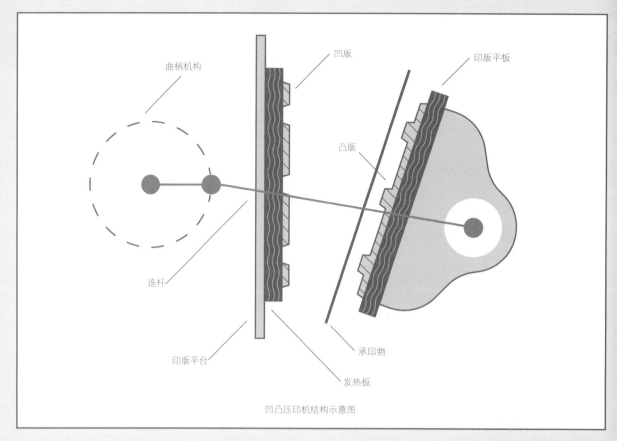

曲柄机构

凹版

印版平板

凸版

连杆

印版平台

承印物

发热板

凹凸压印机结构示意图

凹凸压印是使用非常广泛的一种印刷加工工艺。预制好的雕刻模板在压力的作用下，使得承印物表面形成高于或低于承印物平面的三维效果，从而突出设计的重要部分。

凹凸压印又称为压凸纹工艺，其中从承印物背面施加压力使其表面凸起的称为"击凸"，而从承印物正面施加压力使其表面凹下的称为"压凹"。

在凹凸压印之前，首先要根据设计的图形来制作一套凹凸印版（包括阴版和阳版）。利用凸版压印机的压力，在印刷好的局部图形或空白处，压出具有立体效果的图形，使印刷品整体效果具有层次感，可增添强烈的艺术性。上图为凹凸压印机结构示意图。

凹凸压印无需使用油墨，两块印版可由不同材料制成。凹版可由铜、镁、锌制成，其中耐用率和印刷效果最好的是黄铜，其次为镁、锌。凸版常用的材料有石膏和环氧树脂等高分子材料。

目前，凹凸压印大多运用于精美书刊和画册的封面、礼品包装、广告宣传单、海报、手提袋等印刷品上，也被广泛用于纸张表面的加工中。因此，纸张的选择至关重要，它需要具有一定的厚度和韧性，以便在两侧压力共同作用下不会破裂。

压印模板的
种类

　　凹凸压印的技术和设备要求相对简单，压力和模板制作是其中的技术重点。根据图文的复杂程度和不同的效果需求，在制作模板时，也有多种不同的凹凸模板类型可供选择。以下为常用的 5 种模板类型。

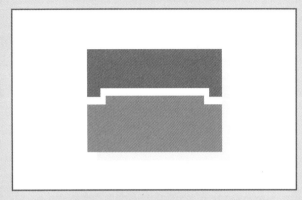

　　1. 单层模板，指模板内的图形处于同一平面和同一深度，主要用于压印色块、线条和单一图形，成品具有图形边缘清晰的特点。

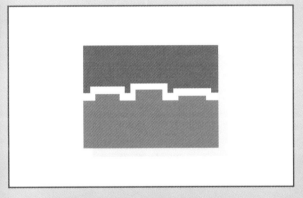

　　2. 多层模板，具有比较强烈的立体空间感，为不同深度的多层模板变化提供更丰富的效果，通常用于表现山水、风景、动物羽毛等效果。

　　3. 弧形模板，能够展现柔和的边缘效果，触感平滑，适用于展示一些圆形或椭圆形物体的效果，如球类等。

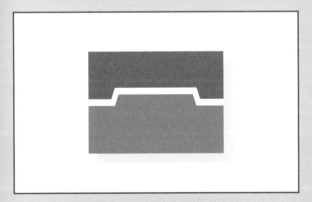

　　4. 斜边模板，它介于弧形模板和单层模板之间，边缘柔和，在击凸过程中需要较大的压力。选用斜边模板时，纸张的边缘比较不容易被击破。

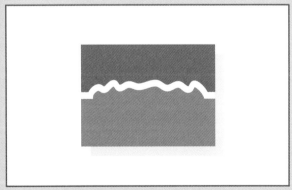

　　5. 浮雕模板，深度变化没有固定的规律，具有强烈的视觉冲击力。需要注意的是，深度变化不能大于纸张所能承受的最大负荷。

凹凸压印的
种类

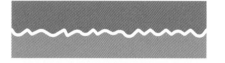

　　素击凸，又称"素凸"，其击凸区域以及周围没有任何印刷油墨或烫印金箔材料，仅在材料表面留下整洁的图形。通常颜色浅、纤维长而韧度高的纸张较适合素击凸压印工艺。

　　肌理凸，也称为"油画凸"，它利用浮雕模板结合四色印刷、烫印金箔、上光油、珠光漆等多种印刷技术，可印制出如油画般的质地和肌理的作品。

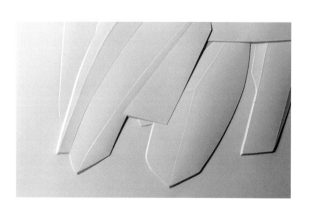

　　多重凸，采用激光雕刻版，其层次清晰。在纸张厚度、韧性和表面张力允许的条件下，多重击凸可以做成凹凸一体模板，使得击凸效果上下落差较大，最多可达3mm。

篆铭凸，在印刷图像时，留下空白区域后再击凸。模板尺寸和对位是否准确是关键。由于击凸后会使交界处微微凸起，因此模板应该略小于平面设计图形。

版刻凸，凸出面为立体平面结构，可以使图形整体浮出，但其外轮廓要根据画面设计来变化，以呈现类似版画的效果。击凸高度可以根据具体需要而定。

烫金凸，指烫印金箔和击凸采用同一块模板，一次完成，其模板一般选用黄铜材质。击凸高度则需要考虑纸张韧性，以及金箔可以承受的冲击强度。

模板材质

依据不同的设计要求和印刷数量，凹凸压印模板的材质选择会有所不同。模板材质不一样，在生产成本、工艺效果和承印数量上也有着显著的区别。

锌版（或镁版）
采用激光照排和胶片排版，制版价格相对低廉，边缘柔和，最大承印数量不能超过5 000，而且无法制作浮雕印版。

铜版
采用激光雕刻技术制版，阳版可选择树脂或塑胶材料制作，硬度高，耐用性高，线条清晰，可用于较精细的图形和线条。承印数量可达到 100 000 印。制作价格较贵。

黄铜版（或锌铜合金）
它是目前制作凹凸模板最好的材料，材料价格以及制版费用较高。采用激光雕刻制版，可用于大批量生产中，能达到 1 000 000 印以上。可生产高品质的产品。

纸张

在凹凸压印的制作当中，除了选择合适的印版外，合适的纸张对于做出良好的压印效果也是至关重要的。纸张的厚度、表面的粗细纹路会影响细节的表现。例如，含 25% 棉和含 100% 棉的纸张，所表现的印刷效果明显是不一样的。

a. 通常克重在 $180g/m^2$ 以上的纸张比较适合凹凸压印，但这并不是一个不变的标准，如果纸太薄，则在压印时非常容易破裂。

b. 足够厚且韧性强的纸张是呈现印刷效果的基础，尤其对于需要突出浮雕效果的印刷品设计。

c. 纤维长的纸张通常具有良好的韧性，其耐印度比纤维短的纸张要好。

d. 再生环保纸不适用于凹凸压印，由于纸张自身的因素，可能会造成不同页面效果出现偏差的状况，也容易产生边缘破裂的现象。

e. 如果是需要加热（如烫金）的工艺，会极大地增加纸张破裂的概率。因此，更需要谨慎选择纸张。在四色印刷前要做好有关测试，应适当提高耗损用纸预算。

在平面印刷品设计中，设计师往往只强调凹凸部分并交给印刷厂去制作，而忽略对质量方面的具体要求，这会使得效果不尽如人意。

凹凸压印有几个需要注意的地方：首先，应该采用激光雕刻制版（尽量不用人工腐蚀雕刻版），同时需要制作一套凹版和凸版（即阴版和阳版），使得边角更加细致；其次，依照设计画面的需要和纸张的韧性来选择合适的深度（最大可以到0.025cm）；最后，如果印量超过 10 000，应该选择耐用的铜质材料制作印版，以保证压印后边角不易磨损。

早期凹凸压印工艺中使用的印版，其表面是平面的，有类似浮雕的工艺。因为没有计算机三维技术和激光雕刻技术的配合，人工制作浮雕不但要花费很长的时间，而且质量上并不是很有保障。浮雕击凸是随着激光雕刻技术出现而问世的，它具有立体层次，使印刷品的视觉效果得到提升。在运用浮雕击凸工艺前，需要考虑纸张的厚度和韧性，因为浮雕击凸最深和最浅处需要有一定的落差，这样才能表现出立体浮雕的效果。因此，纸张克重一般都要在

$220g/m^2$ 以上，韧性越大越好。

凹凸压印是印刷中使用频率非常高的印后加工技术和纸张表面整饰工艺之一，只要运用得当，就能巧妙地提升印刷品的视觉效果。利用特种纸的材质特点与特殊纹路，再结合画面元素击凸，可以让印刷画面更加形象、逼真。

压印模板的
角度与深度

　　模板斜边的角度是指压印图形边缘与垂直于模板的直线所形成的角度，而凹凸深度是指阳版凸起的高度或阴版凹下的深度。模板斜边的角度与凹凸深度是决定工艺效果的两个重要数据，斜边角度的数值通常选用30°、45°、50°或者60°。选用30°角只能使图形边缘形成轻微的倾斜，而60°角则能呈现较大的斜边效果。

　　对于富有立体浮雕感的设计来说，合适的凹凸深度很重要。深度越大的模板越容易获得清晰锐利的图形，适当增加斜边角度可以减少模板对纸张的冲击。但需要注意的是，如果斜边角度太大，则会抵消深度呈现的效果，从而造成图形边缘模糊。

　　在选择凹凸深度时，还应该对承印材质进行测试。一般来说，较厚的材质能够承受较大深度。但各种材质都应该进行压力测试，以确保实现理想的设计效果，不出现破边现象。常用的深度数值有 0.01cm、0.015cm、0.02cm 和 0.025cm。

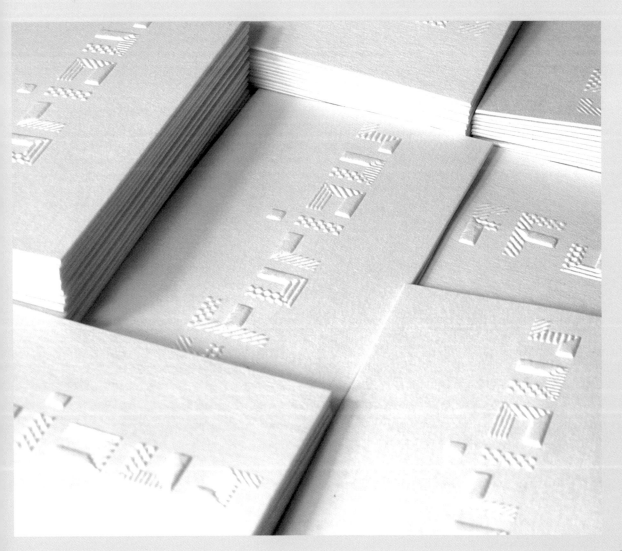

Clara & Daniel 婚礼
邀请卡

设计：*El Calotipo Printing Studio*

新人 Clara 和 Daniel 都是音乐家，他们的乐器上都有几何图形和漂亮的曲线图案，因此，将这些元素用在婚礼请柬上，可充分展现他们的个人风格。请柬中的两个圆形卡片标注了宾客所需的地图信息，另一个黑色卡片上面则印着细致的凹凸莲座纹理，这赋予了婚礼邀请卡奇妙的触感。

Oishii Kitchen 品牌

设计：*Nippon Design Center*

该品牌设计是为了推广福井（日本城市）新产品的项目而设计的，选用大嘴、饼干等图形，传达美味的感觉。它采用凸版印刷工艺，模拟实物的触感，进一步强化纸品宣传资料的沟通功能。

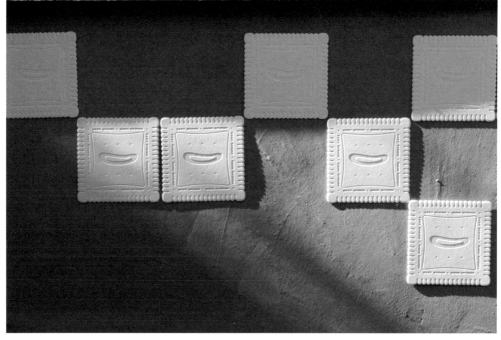

NEENAH 纸品品牌

设计：*Destgn Army*

该作品旨在推广 NEENAH 的包装纸品，传达包装纸能为平面设计者带来的无限可能的理念。在纸张上，设计者运用了各种有趣的印刷工艺，如模切、凸凹压印、烫电化铝等，由此创造出了一套好纸为媒、工艺为辅的良好设计。

设计：*Happycentro*

这是一系列突出色彩与工艺的册子设计，精选了 10 种颜色，并分别应用在每个册子的封面上，且质地光滑的纸张表面经过了凹凸压印工艺的特殊处理。内文中每一章通过改变纸张颜色、尺寸以及 UV 油墨比例等方式，表现了不同的视觉效果。

这是香港豪华酒店送给宾客的一款限量版冬至问候卡。设计师决定采用凹凸压印和烫金工艺，在卡片上描绘出香港的一些建筑亮点，并突出位于建筑中间的豪华酒店。设计师最终采用白卡纸定制的信封送出一份份心意。

限量版问候卡

设计：*Happycentro*

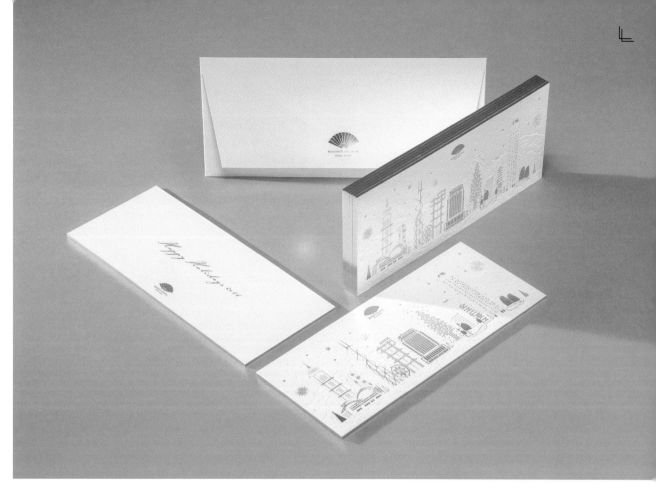

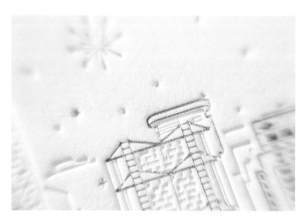

设计年鉴

设计：深圳市华思设计公司

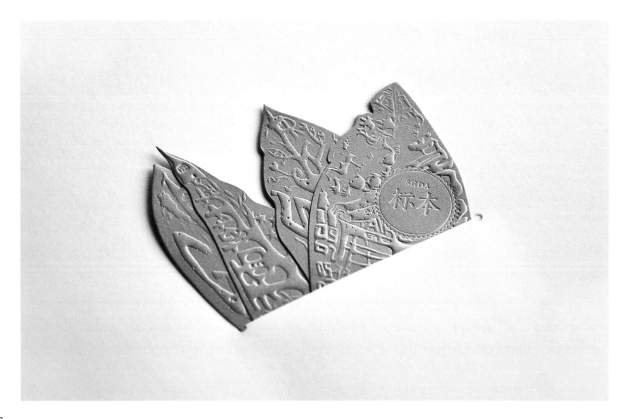

该书是深圳平面设计协会的会员作品年鉴，名为"标本"。本书为软皮精装，由印金加上压纹制作而成的树叶书签非常别致，贴近了"标本"这个主题。采用的印刷工艺包括烫金和四色印刷。

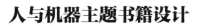

人与机器主题书籍设计

设计：*Asami Sato*

人类与机器是这本书的主题，其中探讨了不断升级的机器是否会取代人类，以及人类在这一过程中是否无能为力等问题。设计师使用黑色和银色，结合压纹工艺，旨在呼应本书的主题，让封面表现出一种冷金属感。

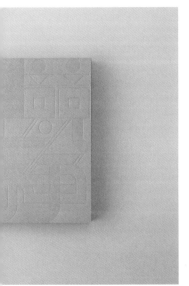

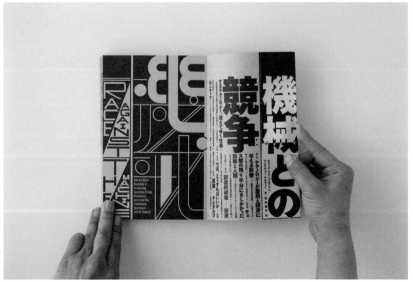

FFURIOUS 工作室名片

设计：*FFURIOUS*

卡片的凸印灵感来自工作室多元化的输出理念，几何图案表示凝聚该工作室动态能量的各种构成元素，由几何图案组成的浮雕标志创造了一种有趣的感官体验，给人带来即时又持久的情感碰撞。

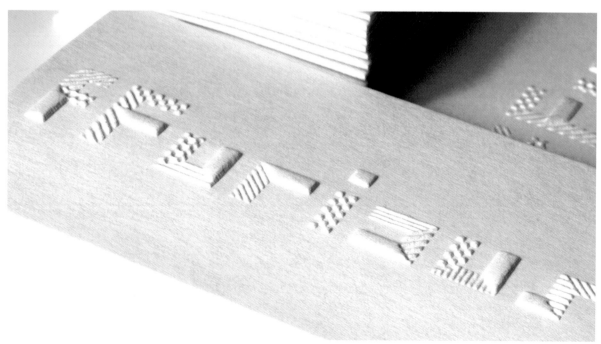

莴屋书店（TSUTAYA BOOKS）通过书籍、电影和音乐提供一种新的生活方式和经营模式。新标识的名称采用汉字"莴屋"替代罗马字母"TSUTAYA"，这样更易于阅读，可以展示汉字之美，给翻看书店宣传册的读者传递"一个人读一本书"的理念。整个设计运用凹凸压印工艺，给读者谦恭、受尊重的感觉和独特的触感。

莴屋书店包装

设计：*Hara Design Institute, Nippon Design Center*

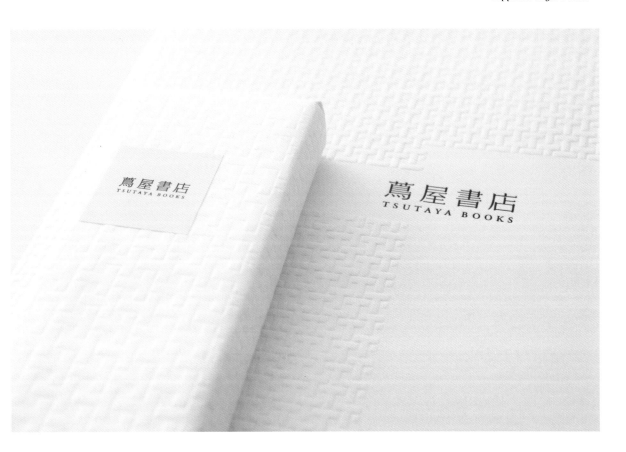

Chapter 5

烫印电化铝

Foil Stamping

—

　　好的平面设计，除了要有出色的结构和色彩之外，能够充分呈现设计质感的印刷工艺也必不可少。虽然前面提到的金、银墨印刷与烫印有着类似的金属光泽效果，但如果想要获得更强烈的视觉冲击力，还是要通过烫印电化铝这一工艺方式来实现。

　　烫印电化铝是一种赋予印刷物金属光泽感的印刷工艺，常与设计结合在一起，为设计增添质感与互动性，营造别样的视觉效果。接下来将介绍这一独特的印刷工艺。

—

- 烫印电化铝的特点与应用
- 烫印的种类
- 烫印材料的特点与应用
- 烫印电化铝的过程

烫印电化铝的
特点与应用

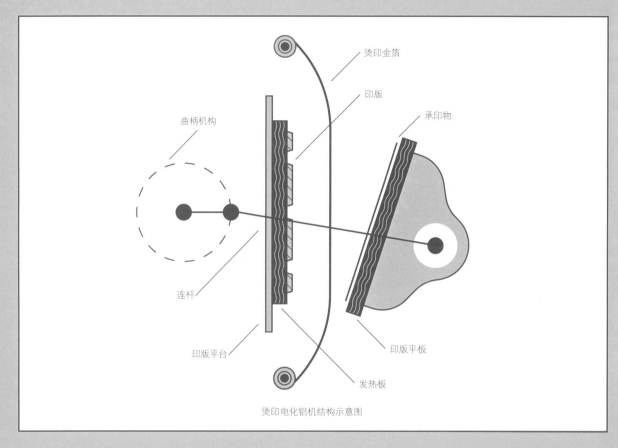

曲柄机构

连杆

印版平台

烫印金箔

印版

承印物

印版平板

发热板

烫印电化铝机结构示意图

烫印电化铝一般是指热烫，是一种不用油墨的特种印刷工艺。在一定温度和压力下，烫印电化铝材料被烫印到承印物表面。因此，烫印电化铝也被称为"烫金""烫金箔""烫印金箔"或者"烫印"。上图为烫印电化铝机结构示意图。

烫印电化铝能应用于不同的材料上，如纸、皮革、纺织物、塑胶等。其过程是用铜或锌制作烫印版，印前先将烫印版加热，然后在承印物上放置烫印金箔。烫印时，烫印版与烫印金箔接触，在一定温度和压力的作用下，烫印金箔中的热熔胶溶解，被压烫过的金箔就会依附于承印物上。

目前，烫印电化铝以热烫为主，因其烫印的品质好、精度高，烫印金箔的种类多以及可进行立体烫，所以受到了很多人的青睐，在设计作品上也应用得非常广泛。

烫金是唯一一种可以使纸张、塑料、纸板和其他印刷物的表面产生光亮、不会变色的金属效果的印刷技术。烫金的原理很简单，钢模被镶嵌在压印盘上并进行加热，然后将金箔片置于钢模和需要烫印的材料之间，当钢模压在金箔片上时，释放的热量使得颜色层从金箔片上覆盖到最后的印刷品上，这样烫金过程就完成了。

热烫印工艺的重点在于制作印版和热压传印的过程，最终工艺的呈现能否更精细取决于印版制作是否精良。以下为烫印之前值得注意的要点。

1. 需要热烫印的图文要足够清晰。
2. 制作文件时尽量不要使用位图软件（位图软件制作的图文边缘在放大后会出现锯齿状），应使用矢量图软件，如 Illustrator、InDesign 或 CorelDraw。
3. 若图文中有细线，线条粗细尽量保持在 0.3mm 以上，因为线条太细会影响金箔与承印物的贴合度；若有镂空设计，镂空处面积应保持在 4mm² 以上，因为镂空处太小容易导致糊版，影响美观。

烫印电化铝的印刷过程主要包括烫印版的制作、印前对位调试和正式烫印。在整个过程中，真正的烫印在几分钟到十几分钟内就能完成，而印前的准备工作才是最花费精力和心思的。

不论是热烫印电化铝还是冷烫印电化铝，烫印后的图文都会呈现出强烈的金属光泽感，其色彩鲜艳且永不褪色。运用得当的烫金工艺可成为设计的点睛之笔。

▲ 通过矢量软件制作烫印版的数码稿。

除了用锌版作为烫印版以外，还可使用镁版和铜版。对比锌版，镁版的耐用性高，厚度的选择较多，用于纸张烫印时边缘清晰。而铜版材质较为细腻，表面光洁度、传热效果都优于锌版和镁版，但制版的成本较高。

烫印版的设计与制作工艺要求非常细致，最终选用什么工艺制作，可依据设计的复杂程度以及使用次数来考量。

目前，制作烫印版主要采用照相腐蚀技术和电子雕刻技术。传统的照相腐蚀技术的工艺简单，成本较低，主要用于文字、粗线条和一般图像中；电子雕刻技术则多用于较精细、图文粗细不均等的图案中。

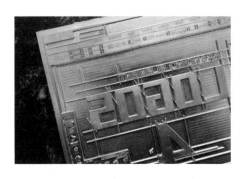

▲ 经过与印厂沟通和校对，印厂根据计算机图制作的烫印锌版。

烫印的种类

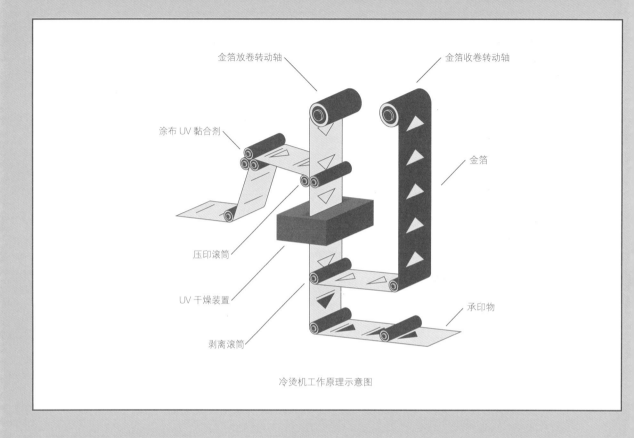

金箔放卷转动轴

金箔收卷转动轴

涂布 UV 黏合剂

金箔

压印滚筒

UV 干燥装置

承印物

剥离滚筒

冷烫机工作原理示意图

随着技术的发展，出现了冷烫印技术。冷烫印技术，即利用UV黏合剂将烫印金箔转移到承印材料上的方法。冷烫印工艺分为干覆膜式冷烫印和湿覆膜式冷烫印两种，其优点有无需制作金属烫印版（使用普通柔性版）、加热装置，制版和烫印速度快，周期短，成本比热烫印低等。在塑胶、薄膜、PVC等非吸水性材料方面，冷烫印工艺的呈现效果更优于热烫印。目前，冷烫印技术主要运用于模内标签印刷、高档商务印刷等。

上图为冷烫机工作原理示意图。冷烫印的过程主要有以下四个步骤。先在承印物需要烫印金箔的地方刷上UV黏合剂；接着在已涂有UV黏合剂的承印物上复合冷烫印金箔；然后在UV灯照射下，UV黏合剂进行固化；最后固化后的黏合剂保留依附在上面的金箔图案，同时将多余的烫印金箔从承印材料上剥离下来。

立体烫印工艺同时可以完成烫印和凹凸压印，这主要是为了降低因加工工序和套印不准而出现的废品产生

率，提高生产效率。其工艺原理是利用腐蚀或者雕刻技术将烫印与凹凸压印的图形制作成一个上下结合的阴阳版，使得烫印与凹凸压印能在一次操作中同时实现。这种工艺常用于包装印刷。

烫印全息防伪电化铝具有较高的技术含量，主要用于高档礼品、药品、烟酒包装以及其他防伪标识，属于高档印刷工艺范围。其选用的激光电化铝材料具有丰富的光泽度，人眼能从不同的角度观察到不同的颜色变化。有的防伪电化铝在生产时便添加了各种防伪标识，让成品达到更好的防伪效果。

平烫印，最普通的烫印，四周留白，以突出烫印主体。相对于其他烫印来说，其制作过程较简单。如果印刷品数量不多，选用锌版烫印即可。

反烫印，与平烫印的制作方法相反，其主体留白，背景进行烫印，烫印面积大小根据画面设计而定。如烫印面积较大，需要考虑其附着性能否达到工艺要求。

篆铭烫印，根据画面的需要，把印刷与烫印巧妙地结合在一起。这种烫印先印刷再烫印，制作时对套准要求较高，需要对位准确才能得到完美的效果。

折光烫印，通常选用激光雕刻版。制作时，主要的图像和背景图形以不同粗细或不同走向的线条作为区分，形成一种遮光效果，以强调图形线条的艺术感。

多重烫印，在同一个图形区域重复烫印两次以上，需要经过多次工艺加工。同时还必须注意两种金箔是否兼容，以防出现附着不牢的现象。

立体烫印，与烫印击凸的做法相同，但立体烫印更注重烫印质感而非击凸效果。通常使用浮雕烫印版，凸起的高度要在金箔表面张力所能承受的范围内。

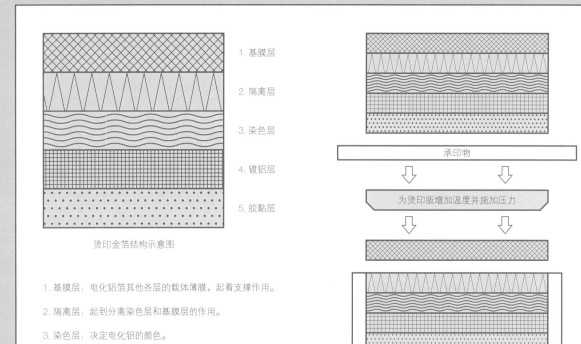

1. 基膜层
2. 隔离层
3. 染色层
4. 镀铝层
5. 胶黏层

承印物

为烫印版增加温度并施加压力

烫印金箔结构示意图

1. 基膜层：电化铝箔其他各层的载体薄膜，起着支撑作用。

2. 隔离层：起到分离染色层和基膜层的作用。

3. 染色层：决定电化铝的颜色。

4. 镀铝层：让烫金图案呈现金属光泽。

5. 胶黏层：将电化铝箔涂层粘连到承印物上，以保护镀铝层。

烫印金箔过程示意图

选择适用材料广、符合要求、质量良好的烫印金箔很重要。国内烫印金箔的规格尺寸一般是长度120cm，宽度64cm。金箔材料品种很多，因进口、国产或用途等区别而定价不同，一卷可低至百元，高至千元或数千元。

温度对于烫印来说十分重要，温度不能过高，否则会烧坏烫印金箔，且图文会变得模糊不清。通常平压平烫式烫印机的电热板温度为110℃，圆压式烫印机的电热板温度为140℃~150℃。

除了温度以外，烫印压力也同样重要。施加压力的大小要视承印物料的软硬程度以及表面的纹理而定。表面疏松或柔软的承印物料可施以较大的压力，粗糙或坚硬的承印物料可施以较小的压力。

在温度、压力都控制好时，烫印的时间以最短又能烫印出好的效果为佳。时间过长，金箔和承印物将受损，闪光箔也会变成亚光箔。上图为烫印金箔结构示意图和烫印金箔过程示意图。

目前烫印机按烫压方式可分为平压和线压两种类型，按压力传递方式可分为液压、气动、机械三种类型。一般液压型、机械型的压力相对稳定，通常小批量加工或测试可选用液压型。如果小批量、小面积烫印最好选择平压型，而大批量、规模化生产的用户，可采用线压滚筒式热转印机。

烫印电化铝的
过程

①将制作好的烫印锌版用胶纸固定在导热板上，并确保印版与承印物对准。

②把烫印金箔装到滚轴上，然后把金箔滚轴安装到烫印机上。

③印版和承印纸张的对位是否准确会影响烫印的效果。工作人员要耐心调整承印纸张的位置，使印版的图案重叠到纸张的相应位置。

④安装好烫印锌版、金箔滚轴以及承印纸张后，开始试烫。

⑤试烫后，工作人员检查烫印效果。细微的差别可反映出烫印的压力是否够大，温度是否适中。

⑥若发现有烫印不均匀的地方，可通过调节印版平版螺丝来改变印刷的压力，同时调整温度，让金箔更容易依附在纸张上。

⑦通过多次试烫以及检查、调整设备，可以达到最佳的烫印效果。

⑧最终印制出质感完美的成品。

"福禄寿喜"新年贺卡

设计：李杰庭

这组 2016 年的新年贺卡融合了新年对联、爆竹等元素，呈现出新年的喜庆氛围。在中国，红色和金色代表好运，但并不是所有的亚洲国家都有相同的文化背景，因此贺卡采用多种颜色的纸张印刷，以便设计师可以有针对性地送给亚洲各国的友人。采用烫金印刷工艺，可以使设计内容在不同的颜色背景下依旧醒目。

"怪兽号"餐馆名片

设计：*Drlv Loo*

Kaiju 是马来西亚首家将泰国菜式和日本菜式相结合的餐馆，店名 Kaiju（怪兽）源于日本鬼怪题材的电影。标识选用日本怪兽 Godzilla 和泰国传说中的龙图案，餐馆名片选用桃红色和金色这两种特别的颜色，以荧光油墨和烫印工艺印刷，彰显两国文化的特点。

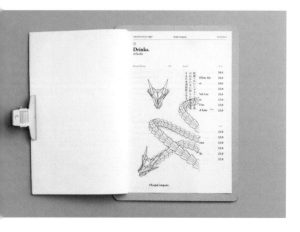

Kaiju Dining Sdn. Bhd.

Kaiju. Thai Style Ryōri.
Lot S4, APW Bangsar.
29 Jalan Riong,
59100 Kuala Lumpur.
+603 2788 3796
FB. IG. KaijuCompany

淇即芙中秋礼盒

设计：四木设计

此款中秋节礼盒中盛装的分别是台茶与土凤梨酥、花茶与西式手工饼干。包装以清新淡雅的渐层设计呈现出茶汤晕染与茶香层次的视觉效果；盒身以局部亮油装饰图腾，借由不同角度的光线折射，分别勾勒出东方和西方的窗棂花纹，呈现出东西方的风格差异。包装上的全部色彩以PANTONE色呈现，烫金贴纸用了两种不同色彩的日本金箔，呼应了台茶和花茶的不同感受，整体效果高雅大方。

王室形象标识

设计：*ONOGRIT Design Studio*

ONOGRIT 为加纳国王 Nana Kwadwo Owusu 创作了一套用于行政的 VI 设计，其中包括信纸、信封、名片、邀请函和礼品包装等。该设计注重突出加纳皇室的传统标志，并将其抽象化为一组图标。所有的图标统一烫印，以塑造出一种精致的视觉效果。

捕获!!
野生乌鱼

设计：*Devours Bacon*

色的盒子，盒子上有一条金色乌鱼跃然纸上，其上印着"捕获!!野生乌鱼"的字样。包装盒质感极佳，精细的烫印电化铝工艺呼应了乌鱼的一个别称——"乌金"，同时使鱼体更加形象生动。这个包装设计还体现了设计师的环保理念，所有的材料都可以回收再利用。

巧克力包装

设计：*Happycentro*

CRUDE 为有机的巧克力品牌，其包装表面的图形是根据不同的糖分比例所创作的。选用四种金属颜色在朴素的硬纸板上进行烫印，以呈现优雅的包装外观和对比强烈的视觉效果。

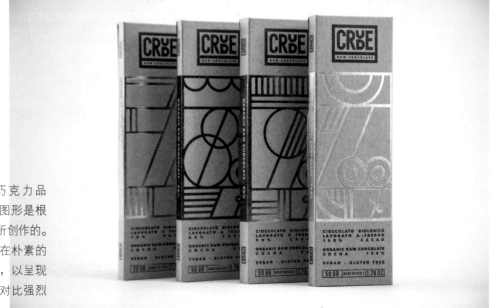

一对新人受西方与东方不同文化的影响，希望婚礼可以同时加入中式与西式的元素，以展现新人的爱好与兴趣。邀请卡标识中暗藏的一只小猫便是新娘最喜爱的小动物。该设计以烫金工艺印刷图文，给人以奢华、隆重之感。

许陈喜事

设计：*HSIN YU DESIGN STUDIO*

zeri crafts 品牌

设计：*Rocío Martinavarro*

zeri crafts 品牌形象基于科威特传统的编织工艺，"zeri" 是指点缀传统礼服的细金线，旨在重新诠释各种各样的手艺人和家居工艺品。因此，该品牌形象的印刷品使用烫金工艺，展现了三角形图案在经典的编织工艺里无穷的变化与组合。

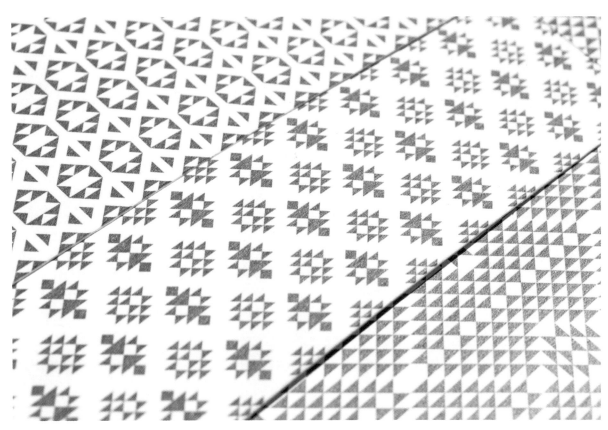

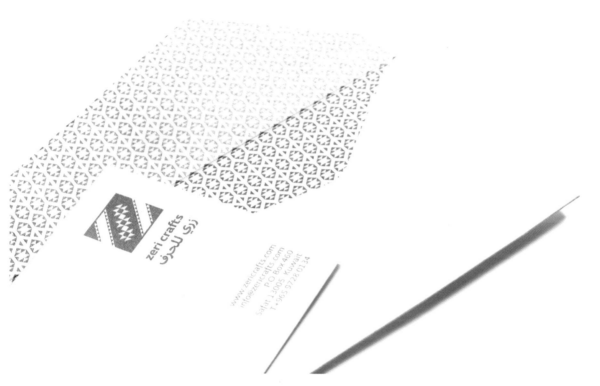

Oriental & Vintage
婚礼邀请卡

设计：*Bel Koo*

婚礼一直是连接两个家庭的重要仪式，
对于中国人来说更是如此。这一对新人
的婚礼邀请卡的图案元素将现代与复古
风格、东西方风格相结合，采用红色底
色和烫金大字，传达出家有喜事的热闹
氛围。

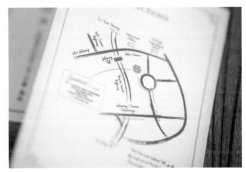

HARLOW 光线足迹

设计: *Ryan Panchal*

这套作品是为一个名为"重新想象你的家乡"的活动而设计的。设计师 Panchal 的家乡位于英国艾塞克斯郡的哈洛，哈洛是光缆的诞生地。设计师受此启发，以"光"为主题，所用配色为六种 PANTONE 色。为了充分表现以"光"为主题的效果，设计师选用了全息箔纸印刷，箔纸在光的照射下，可以呈现出五彩缤纷的效果。

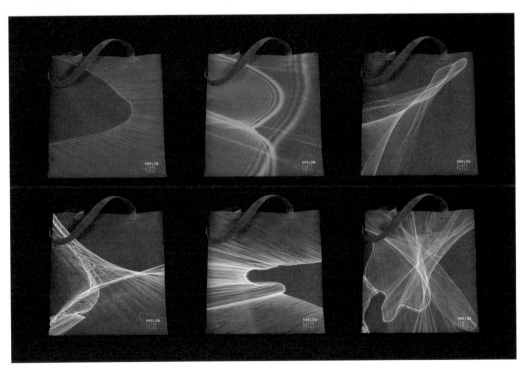

中侨参茸

设计：*2tigers*

中侨参茸是一个名为中侨的澳门公司的产品。为了使老品牌年轻化，中侨决定使用一个新的品牌形象，以中侨的首字母为基础，将其演化为富贵花开的形式，并将此图案用烫印电化铝的工艺应用于产品包装中，向消费者传递一个华丽、高档的品牌形象。

艺术展览海报

设计：*Baek Serah, Park Ki-young*

这届仙和美展的主题为"生，日常"，意在展现学生的日常生活或生命中的某一片段的时光。因此，海报将"生、日、常"这三个汉字进行拆分设计，选用激光全息烫金箔，使汉字笔画的色彩和亮度随着视角的不同而产生变化，这也代表了日常生活的一种诠释方式。

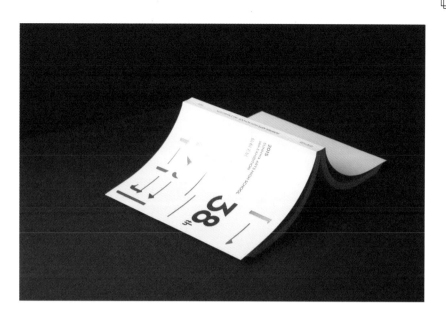

UV 油墨

Ultraviolet Rays Ink

—

　　UV 油墨与水性油墨是当前被公认的环保型油墨，"过 UV""UV"，这种说法也常常在市场上听到，主要是指用无色透明 UV 油墨进行丝网印刷。

　　UV 油墨具有种类繁多、印刷效率高、印刷品效果佳等优点，适用的领域也非常广泛。此外，干燥后的 UV 油墨具有许多良好的特点，如有很强的表面耐磨性、色彩稳定性，以及品质高，色彩鲜明，图像清晰。

　　介绍了 UV 油墨那么多优点，现在你可能会有这样的疑问：印刷工艺的种类那么多，设计师为什么要选择这种工艺来实现自己的创意呢？接下来，让我们带上一颗好奇心，一起寻找为何使用 UV 油墨的答案吧。

—

- 什么是 UV 油墨
- UV 油墨种类

Chapter 6

什么是 UV 油墨

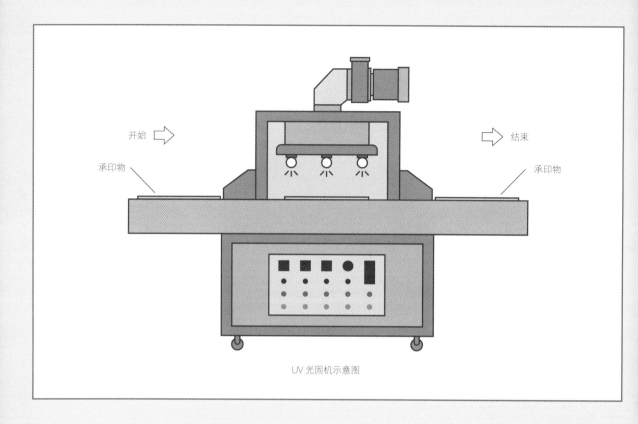

开始 ⇨

结束 ⇨

承印物

承印物

UV 光固机示意图

UV 是英文 Ultraviolet Rays 的缩写,意为"紫外线"。UV 油墨,即紫外光固化油墨,是指一种通过紫外线的照射,能瞬间固化成膜、瞬间干燥的油墨。在柔印、胶印、凹印、丝印中均可使用 UV 油墨,其中在丝印、胶印和柔印中使用较为广泛。上图为 UV 固化机示意图。

UV 油墨印刷有四个特点。

1. 与传统溶剂型油性油墨相比,UV 油墨是一种较环保的油墨。UV 油墨不含挥发性有机溶剂,印刷和干燥过程几乎不产生污染物,也无需喷粉等环节,减少了灰尘的污染,改善了印刷环境。这种油墨尤其适合食品卫生包装和环保印刷品的印刷。

2. 印刷表现效果好,油墨的性质稳定。印刷时油墨不会出现堵网的现象,适用于精细产品的印刷。油墨的性质稳定,不用担心印刷过程中溶剂会对承印物有损坏。

干燥后的墨膜不仅均匀、光泽度高,而且具有耐磨性、耐油性、防水性和耐热性。

3. 印刷品油墨干燥速度快。UV 油墨干燥时间以秒甚至零点几秒计算,因此可以非常有效地提高印刷效率。印刷后印刷品干净整洁,也可马上进入后续加工环节。与溶剂型油墨相比,UV 油墨印刷幅面更大,更加节约时间和成本。

4. 印刷承载物的范围更广。由于 UV 油墨具有良好的附着性,许多非吸附性材料也可以用 UV 油墨完成印刷,如在金、银卡纸等表面具有铝箔层的印刷材料或塑胶类印刷材料,而且效果更加理想。

下页图为紫外线光固化 UV 油墨原理示意图。

UV 油墨

低聚物

○ 单体

光引发剂

· 光引发剂是一种有机化合物，它的作用是吸收紫外线能量产生游离基，使树脂发生聚合反应。

紫外线辐射

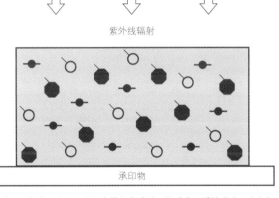

承印物

低聚物

○ 单体

被激活的光引发剂

紫外线照射光引发剂，使其变得非常活跃，然后产生活性碎片，这中间所释放的能量传递到其他分子上，促进分子间的结合。

固化的 UV 油墨

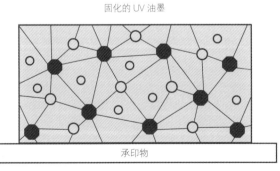

承印物

低聚物

单体变浑浊

○ 光引发剂

分子黏合生成自由基并持续发生聚合反应。当分子的聚合反应全部完成时，UV 油墨就只留下固化的薄膜。

紫外线固化 UV 油墨原理示意图

UV 油墨的种类

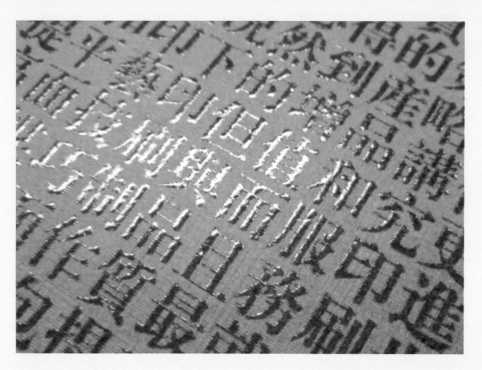

胶印 UV 油墨

　　胶印 UV 油墨可用于精细产品的印刷中。印刷过程中无需喷粉,可防止背面蹭脏。高速印刷时也不会出现粘连或糊版等问题,既节约了物料又改善了印厂的操作环境。

　　UV 油墨干燥速度非常快,因此,可减少细小网点的损失。UV 油墨几乎无渗透,油墨消耗量少,印刷品色彩强度、清晰度和稳定性都明显优于普通胶印油墨。但 UV 油墨的水墨平衡宽容度很低,印刷中容易造成油墨乳化,易脏版。而且 UV 油墨印刷后黏度高,缺乏流平性,会出现墨膜表面粗糙的现象。所以,UV 油墨在印刷时,印刷速度不能太快,要控制在 5 000~8 000 印 / 小时。

　　在使用金银卡纸、聚乙烯、涂料纸等非吸附性材料作为印刷载体制作食品包装、化妆品包装的印刷方面,UV 油墨很容易实现。金属质感的承印物更适合使用 UV 油墨印刷,如金属箔、全息膜等,常见的印刷品有高档礼品盒、烟盒、茶叶外包装盒、各种证卡等。通常胶版 UV 油墨印刷成本较高,其费用是普通油性油墨印刷的 2~3 倍。

柔印 UV 油墨

　　柔印 UV 油墨较胶印 UV 油墨需要更低的黏度,同时,柔印 UV 油墨的使用黏度要略大于水基墨或溶剂型柔版墨。当承印物为渗透性底材时,为了防止渗透,经常会采取施加涂底层的对策。使用柔印 UV 油墨时,网纹传墨辊的网角最好是 30° 或 60°,注意,胶辊必须能抗紫外油墨,版材最好选用抗紫外油墨性较好的产品。

　　水性和溶剂型柔印油墨主要采用热风蒸发的干燥方式。柔印 UV 油墨的原理是利用 UV 灯发出的紫外线实现低聚物和单体的聚合,从而使油墨固化。柔印 UV 油墨不含挥发性成分,因此油墨在印刷品上留下的是 100% 固体物质,能形成牢固的墨膜。同样的,使用柔印 UV 油墨的印刷品耐磨性、耐水性、耐溶性也优于其他柔印油墨。

　　柔印 UV 油墨与水性和溶剂型油墨相比,除着色成分和助剂相同外,其他成分均不相同。此外,在用途上也稍有不同。普通水性柔印油墨主要用于印刷瓦楞纸、强化 PE 袋等,溶剂柔印油墨主要用于印刷塑料膜包装材料、纸杯等,而柔印 UV 油墨则主要用于印刷商标标签、卡纸等。

丝印 UV 油墨

对比胶印 UV 油墨和柔印 UV 油墨，丝印 UV 油墨更容易实现墨层厚度的增加。普通丝印油墨的固含量约为 40%，溶剂含量约为 60%；而丝印 UV 油墨的固含量为 100%，因此几乎不存在油墨溶剂挥发问题。在同样的丝网上印刷，UV 油墨固化后墨层厚度是普通溶剂型油墨墨层厚度的 2~3 倍。由于 UV 油墨的黏合性更好，印刷品墨层色彩的质量也更加完美。

在具有金属镜面光泽的承印物表面，采用丝印 UV 油墨工艺印刷，印刷品给人的感觉更加庄重、华贵，适用于高档别致的香烟、酒、医药品、化妆品、食品等不容许有粉尘污染的包装印刷，以及后面有覆膜工序的包装印刷。

丝印 UV 油墨有以下几种。

1. 耐火型 UV 油墨：可解决消费者关注的印刷品安全性问题。

2. 热成型 UV 油墨：可在多种基材上进行受热弯曲以及拉伸等后加工工艺处理。

3. 发光 UV 油墨：采用发光油墨对发光标牌进行印刷，与传统热固发光油墨相比有相当大的优势。

4. 厚膜层 UV 油墨：可使印刷品产生浮雕般的印刷效果。

> UV 油墨有很多种，它是一种具有高环保性能的油墨。由于油墨中不含挥发性的成分（如溶剂或者水），印刷品可以保持长久且不会变色。
>
> 干燥后的 UV 油墨具有很高的表面耐磨性、色彩稳定性，同时品质高，色彩鲜艳，图像清晰。

exo 品牌

设计：*Murmure*

exo 是法国的一个建筑机构，该品牌形象意在通过光线、透视效果、材料以及建筑基本元素来呈现 2D 的效果。此概念主要基于密集线条所产生的视觉效果，采用 UV 油墨印刷后，每个形状和体积都显现出牵引的力量，象征着闭合或开放的空间感。

UV 油墨（Ultraviolet Rays Ink）

Mustilli 葡萄酒标签

设计：*nju:comunicazione*

Mustilli 是意大利一家历史悠久的葡萄酒公司。酒瓶的标签设计注入了意大利历史和领土的代表性元素，如 Isclero 河川、Pyramidal Ariella 山脉、Sant'Agata 王冠和一个代表跨越中世纪村庄的桥的图标，这些元素均作为守护 Mustilli 家族的象征出现在酒瓶的标签上。

piedirosso
sannio doc

Mustilli

greco
sannio sant'agata dei goti doc

aglianico
sannio doc

falanghina del sannio
sant'agata dei goti doc

Silvia Virgillo 名片

设计：*Silvia Virgillo*

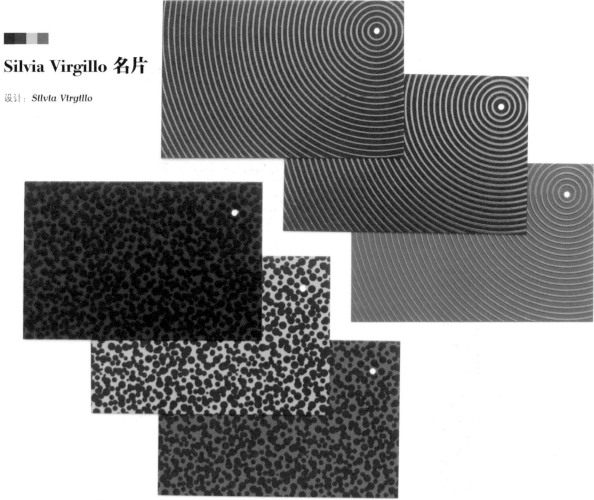

名片的设计以一个固定的圆点为中心，呈现出慢慢扩散开来的旋涡效果，运用 UV 工艺印制，这样不仅可以节约成本，还可以提高线条的光泽感和立体感。与人交换名片时，凸起的触觉将给对方留下特别的印象。

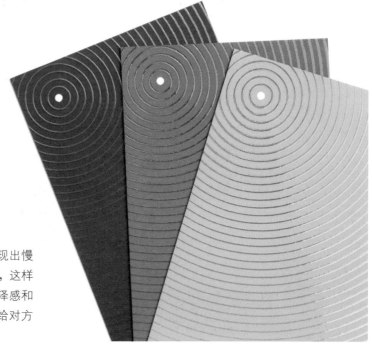

Silvia Virgillo
art director & graphic designer
+39 333 333 333
@silviavirgillo.it
P. iva 11231231123
www.silviavirgillo.it

问候卡片

设计：*Murmure*

Murmure 工作室设计的这款奇特又明快的问候卡片中，
大部分字母由多种几何图形组合而成，其中采用了复杂
的印刷工艺，让卡片看起来像一件值得收藏的艺术品。

KUBERG 品牌

设计：*Marku Team*

KUBERG 是捷克一家生产电动摩托车的厂商，其产品的目标定位是年轻人和成年人。为了让品牌具有更多的设计感与认同感，设计师以首字母 K 为基础设计了品牌的象征性标识。分别选用 UV 彩色油墨和透明油墨印制，意在给人留下智慧、极致、令人兴奋的印象。

镂空与雕刻

Cutting and Engraving

—

　　有时为了表现出设计图案的层次感或满足材料不散边、不变形的需求，会使用模切方式来切割任意复杂形状或大小不同的花边。大家想过我们最常见的包装盒就是由模切压痕处理后，再进行折叠的吗？

　　如果说通过纸张与油墨的结合来表现设计过于单一的话，当模切或激光切割与不同材质产生碰撞时，工艺将变成一个有趣的东西。

—

- 什么是模切与压痕
- 模切与压痕的种类
- 激光切割

Chapter 7

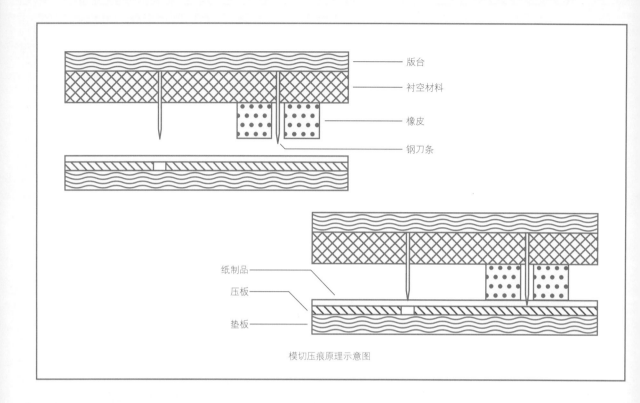

版台
衬空材料
橡皮
钢刀条

纸制品
压板
垫板

模切压痕原理示意图

在制作纸质印刷品时，模切压痕工艺常作为一种印后加工工艺。上图为模切压痕原理示意图。不同结构的立体包装纸盒、瓦楞箱、镂空标贴、折叠 DM 广告单，等等，这些都是模切压痕后制作成的。有时为了让平面作品更加立体而富有创意性，也可在一个平面上对形状各异的图形进行加工，例如，在书籍画册中镂空某个图形的设计等。

工艺原理与特点

模切：把特定的纸张或其他材料如塑料、皮革、橡胶、纤维，甚至是金属，按照设计要求，放置于装有钢刀模板的机器上。用刀模对其施加压力，进而将其冲切成所需的形状，这样的工艺被称为模切。

压痕：把物料置于装有钢线模板的机器上，纸张或材料表面在压力的作用下产生或深或浅的钢线痕迹，再经由手工或机器弯折，形成一定的结构或形状。

通常模切压痕工艺是把模切刀和压线刀组合在同一个模板内，在模切机上同时进行模切和压痕加工的工艺，在日常生产中，通常被简称为"模切和模压"。两道工序可以作为单独工序来操作，也可以在同一台机器上合并成一道工序来完成。模切时模板既可以装钢刀也可以装钢线，互不影响。

图形设计、印版制作和压力调整，是模切工艺的要点所在。在这个过程中，设计者发挥创意绘制图稿，制版厂则根据图稿制作出模切印版。根据模切类型的不同，图形设计、印版制作和工艺原理都会有所区别。

模切与压痕的种类

平张模切

在平张模切中，印版与版台通常都是平板状的。加工时，物料在模切版台上静止不动，印版在曲轴连杆的作用下上下往复运动，使版台与压板不断地分离、合压，每合压一次就相当于完成了一次模切。

平面材料只能安装在平台的模切设备上进行加工，因需要大量的手工操作，生产效率较低，但能够制作出丰富的模切工艺效果。

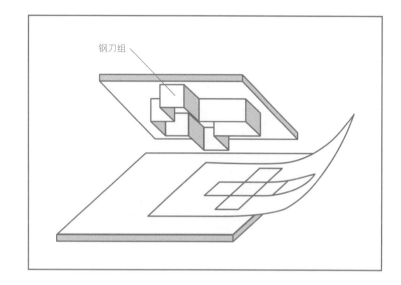

钢刀组

滚筒模切

滚筒模切，其模切版台和印版为圆筒状，并分为两个滚筒：一个是模切滚筒，可将弧度与之相同的半圆形模切版固定在上面；另一个相当于压印滚筒，在模切时施加压力。加工时，物料被传送至这两个滚筒之间，模切滚筒旋转一周就完成一次模切。

滚筒印刷机通常会配备一个卷筒切割机，对于需要大量模切的印刷品来说，这个方法效率最高。需要注意的是，卷筒切割机在使用的模具类型和适合切割的纸张上具有一定的局限性。

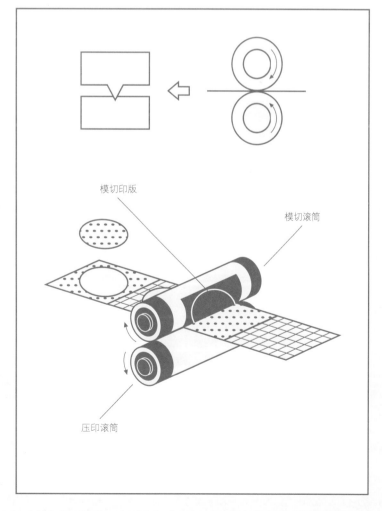

模切印版

模切滚筒

压印滚筒

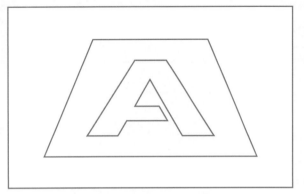

平切，按照设计的要求模切文字或图形外观，是最普通的模切类型，通常不会有非常严格的对位要求。

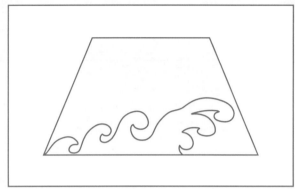

切边，从单边切到四边切都有，也有专门的三边模切成型机器。例如，可以对装订成型的书籍进行异型加工。

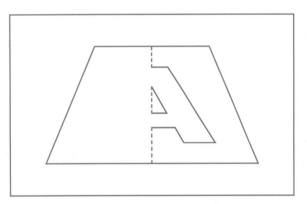

反切痕，模切后纸张反折回来，压痕边线特别留下模切造型，以突出产品的创意性或设计重点。

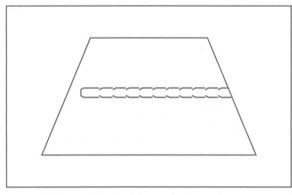

手撕线，一种有趣味性的开启方式。运用手撕线时，要注意选用合适的纸张以及模板。纸张需要有一定的韧性（不易断裂），也需要有一定的厚度。

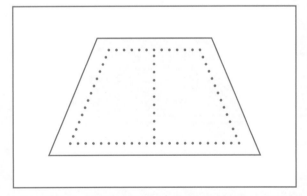

连线痕，起到似断非断、似连非连的作用，它有圆点和线点两种类型，在有需要时很容易撕开。

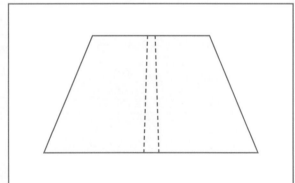

双折痕，折痕有单线痕、双线痕和正反折痕。较薄的纸张用单线痕，较厚的纸张用双线痕，多折及正反折痕等常用于拉页中。

专用折纸机

　　如今折纸工艺被广泛运用，考虑到人力与时间的成本，使用专业折纸机也是大势所趋。相对手工压痕折页而言，折纸机无论是在质量还是效率上都拥有绝佳的优势。如海德堡斯塔尔折纸机，便提供了强大的优化生产流程的方案。下图为折纸机类型示意图。

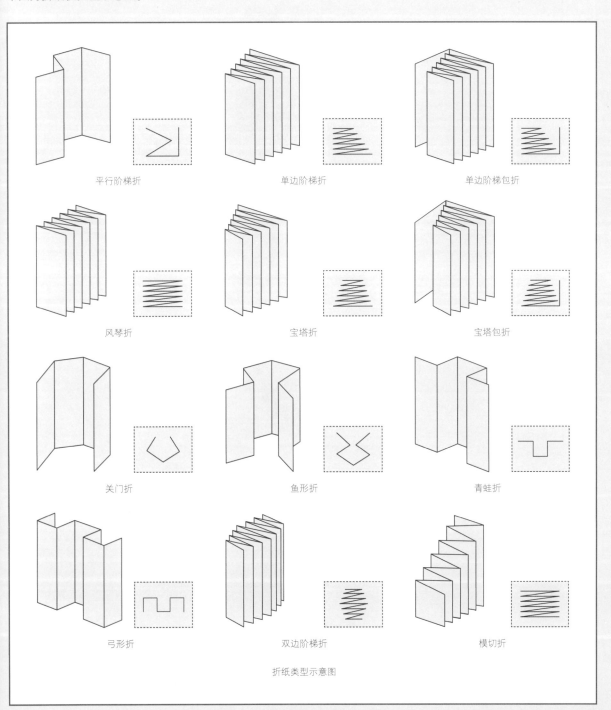

平行阶梯折　　　　　　单边阶梯折　　　　　　单边阶梯包折

风琴折　　　　　　宝塔折　　　　　　宝塔包折

关门折　　　　　　鱼形折　　　　　　青蛙折

弓形折　　　　　　双边阶梯折　　　　　　模切折

折纸类型示意图

激光切割

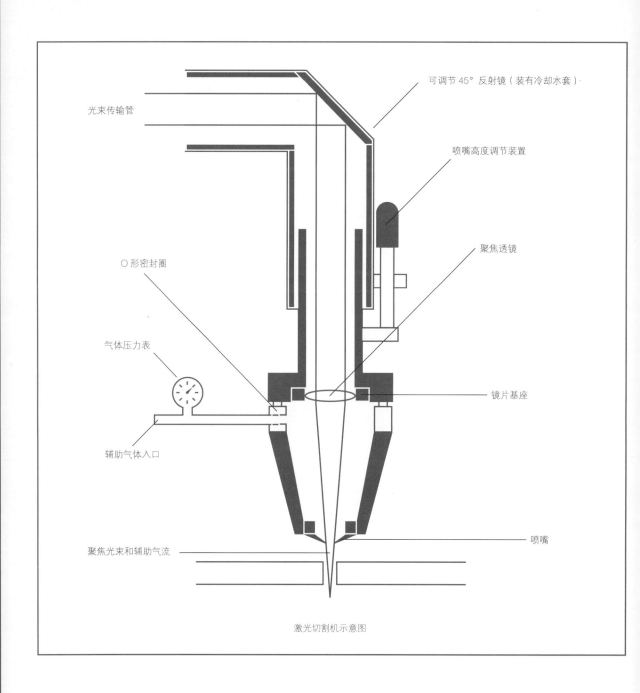

可调节 45° 反射镜（装有冷却水套）

光束传输管

喷嘴高度调节装置

聚焦透镜

○ 形密封圈

气体压力表

镜片基座

辅助气体入口

喷嘴

聚焦光束和辅助气流

激光切割机示意图

　　"激光"也被称为"镭射"，英文"Laser"，是"Light Amplification by Stimulated Emission of Radiation"的缩写，意思是"受激辐射式光频放大器"。

　　1960 年，美国加利福尼亚州休斯敦实验室的科学家梅曼，在实验中利用一个高强闪光灯管刺激在红宝石色水晶里的铬原子，产生了一条相当集中的纤细红色光柱，当它射向某一点时，可使其达到比太阳表面还高的温度，于是便诞生了世界上第一台激光器。上图为激光切割机示意图。

激光切割属于一种热切割，它利用光学原理与高能量密度的激光光束进行加工。大致的过程是：经聚焦的光束照射于材料上，使其迅速熔化、烧蚀或汽化，同时借助与光束同轴的高速气流吹除熔融物质，从而实现切割。激光光束由计算机数控（CNC）控制其切割路径，因此可以实现模板钢刀组合所不能达到的精细切割。切割的速度和深度因光束功率的不同而有所不同。较高功率的光束切割速度更快，切面更深；反之，使用较小功率的光束便可用于"雕刻"，而不至于切断材料。

工艺原理

光束由激光共振器产生，经传输管进入机台内，借由反射镜形成垂直向下的光束，最后通过透镜聚焦在切割材料上。在这一过程中，集结成束的光线在最小直径的地方达到能量的最高点，因此需要根据切割材料的材质、厚度和想要实现的切割效果来调节喷嘴与机台（材料）间的距离。此外，在切割过程中，聚焦光束在焦点附近产生熔融物，为了避免其堆积于切口，需要从一个气口导入辅助气体（通常是氧气），这种气体将通过与光束同轴的通道到达切割区域，吹除熔融物，从而形成光滑的切割面。

激光切割的种类

点阵切割，类似高清晰度的点阵打印。激光头按行左右移动，每行都形成一条由一系列点组成的线，激光光束再移动到下行进行切割，以此类推，最后完成正版预设图文的切割。一般会直接把扫描的图文处理成矢量化图文，点的直径可以不同，深浅也可以设置，这样切割出来的图文有明暗与粗细的变化，能达到设计师预想的效果。

矢量切割，可以理解为模切加工。不一样的是，矢量切割更加精确，并且可以在更多物料中使用。它与点阵雕刻也有所不同，矢量切割是在图文的外轮廓线上进行的，通常是穿透物体的一种切割。也有半透式的矢量切割，例如，在皮革和纸张的表面也可以通过设定深浅制作精美的图形。

激光雕刻的参数

切割速度，指的是激光头移动的速度，通常用"英寸 / 秒"（Inches Per Second，简称"IPS"）表示。更高的激光速度会带来更高的生产效率。而切割速度也可控制切割的深度，对于特定的激光强度，速度越慢，切割或雕刻的深度就越大。可利用激光切割机面板调节速度，也可以利用计算机的打印驱动程序来调节，在1%~100% 的范围内，调整幅度是1%。

切割强度，指的是射到材料表面的激光光束的强度。对于特定范围内的切割强度，强度越大，切割或雕刻的深度就越大。可利用激光切割机面板调节强度，也可利用计算机的打印驱动程序来调节，在1%~100% 的范围内，调整幅度是1%。强度越大，速度就越快，切割的深度也就越深。

光斑大小，对于激光光束的光斑大小可利用不同焦距的透镜进行调节。小光斑的透镜用于高分辨率的切割，大光斑的透镜用于低分辨率的切割。

激光切割如同利用光束燃烧，将图形按照设计程序设定表现出来。设计时应考虑被切割物料的物理特性。以纸张为例，克重和密度太小的纸张不适合采用激光切割工艺。此外，图形构成应该简洁，复杂的图形会使激光光束的照射和停留时间延长，不利于保持纸张表面的色彩。

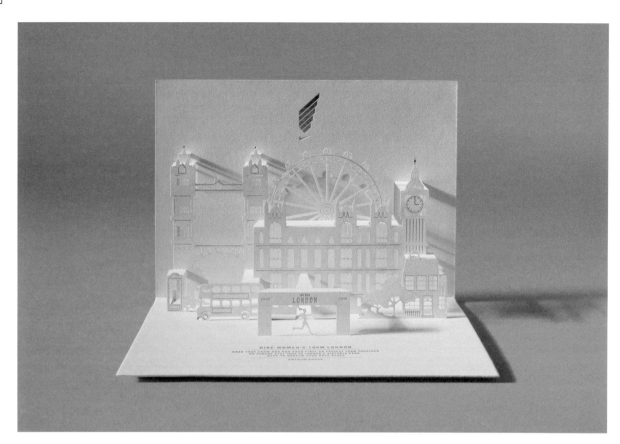

Nike 马拉松邀请函

设计：*Happycentro*

此款邀请函为 Nike 女子万米马拉松限量邀请函。从地标式建筑的绘制到完成六层折叠式的制作测试，建筑图案采用激光切割工艺，建筑细节和文字采用金箔烫压。该项目的挑战性在于纸质设计的精密度、视觉效果、质地感、纸重、尺寸，以及邮寄时邀请函整体的稳固性，等等。

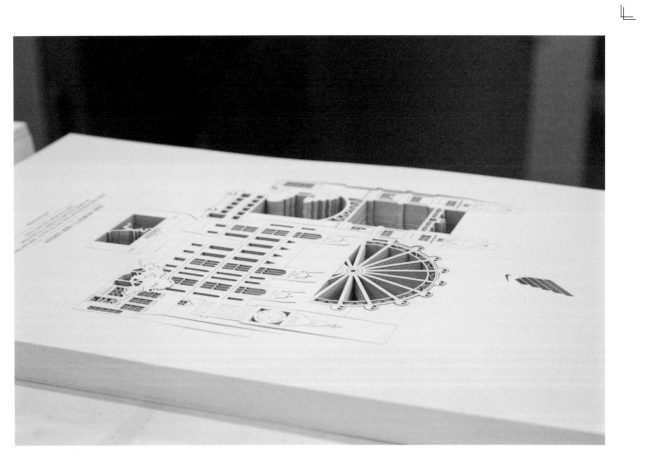

exo 品牌

设计：*Julien Alirol, Paul Ressencourt*

exo 是一家建筑机构，纸张是建筑师经常会碰到的一种
建筑材料或创作素材。他们尝试在原始而纯粹的纸张上
施加相同的阻力和强度，研究纸张以及主要的图形元素，
最终以纸为对象，完成了一个角度不同的完整的激光切
割作品。

CocaCola 纪念笔记本

设计：*Daniela Lucherini*

为纪念可口可乐经典玻璃瓶诞
100 周年，设计师 Daniela Luche
为其设计了一款限量版的笔记本
本子中创作了一幅用一只手握住
口可乐标志性瓶身的插画，运用
模切效果的瓶身在笔记本中形成
致简洁的立体效果，十分富有创意

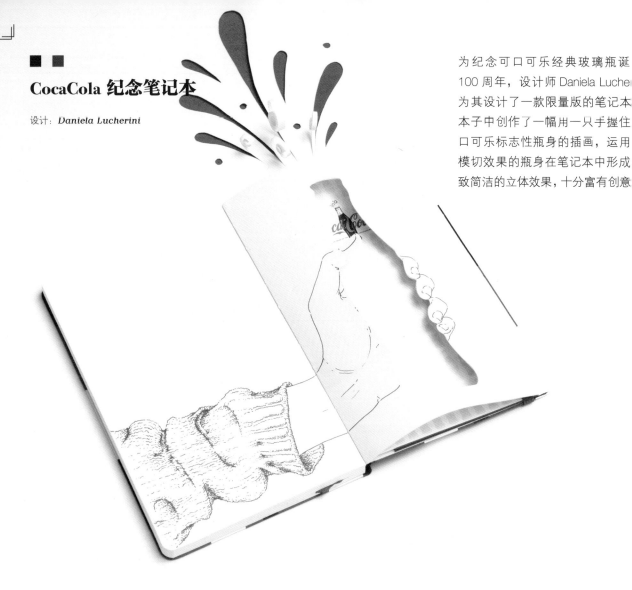

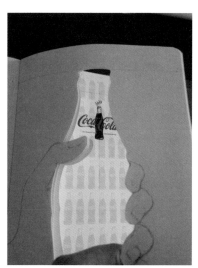

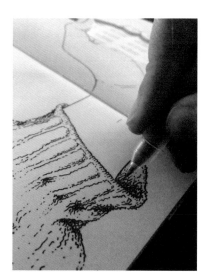

巧克力盒

设计：*Mathilde Fortier, Geneviève Soucy*

为了纪念新年的到来，Gauthier 打算向他们的客户赠送一个造型独特的巧克力礼盒。盒子采用纯卡纸制作，采用模切工艺，层层叠加，形成若干个凹槽，放入白棕色相间的巧克力后，像一座座山脉的构造。

Freedom 文集设计

设计：*Marcin Hernas*

Freedom 是一本文集，收集了关于当今
社会政治学与文化生活相关论题的文
章。为隐晦地表现"自由"的概念，封
面使用了一个模糊的狼的形象，标题用
激光切割，以镂空的结构表明：表面越
平静，内部越是波涛汹涌。封面共有
134 个孔，从这些孔里可隐约地透出一
个囚犯的头像，这暗示着自由与限制、
自由公民与囚犯的对立关系。

新年贺卡

设计：*Yurko Gutsulyak*

此新年贺卡参考了东方传统元素与流行的元素，以黑色的龙鳞片为创意点，运用模切镂空的技术，制作出龙鳞纹理的效果。贺卡中的贺辞不仅可以阅读，还可以使贺卡本身很有触感。

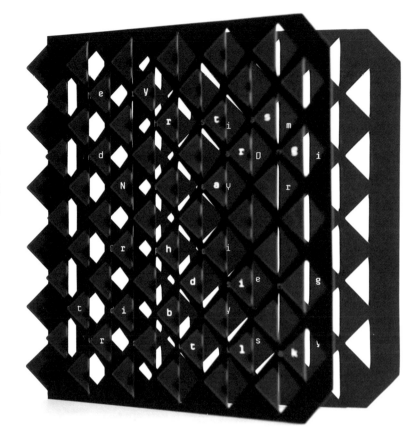

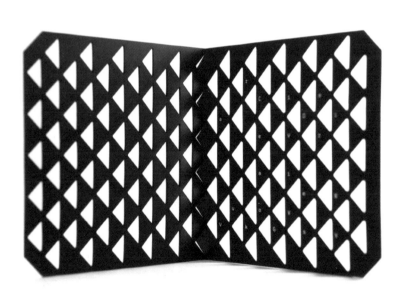

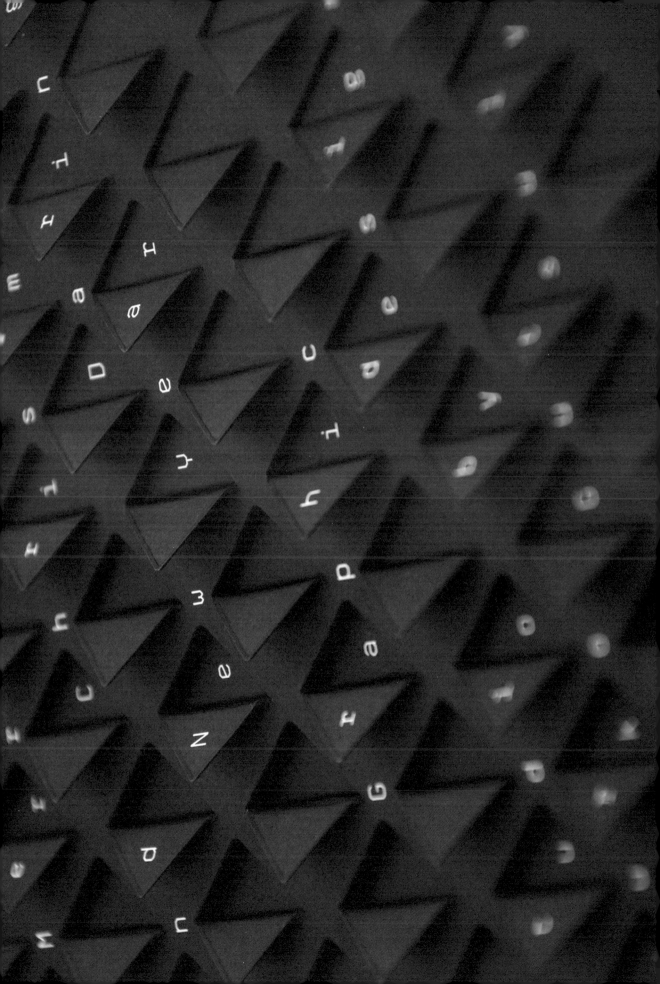

创意名片

设计：*Paolo Castellaneta*

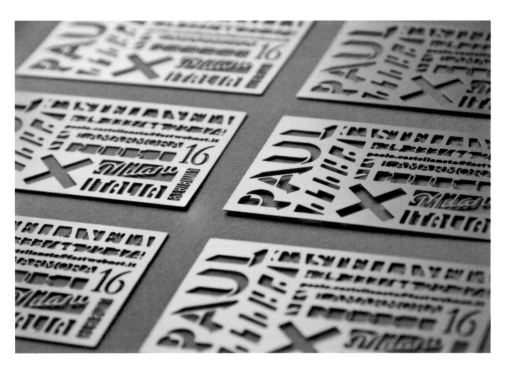

该创意名片选用金属铁薄片作为雕刻的材料，银色给人一种穿越时空的错觉，意在让收到该名片的人回忆起童年痴迷于飞机建筑模型的那段异想天开的好时光。

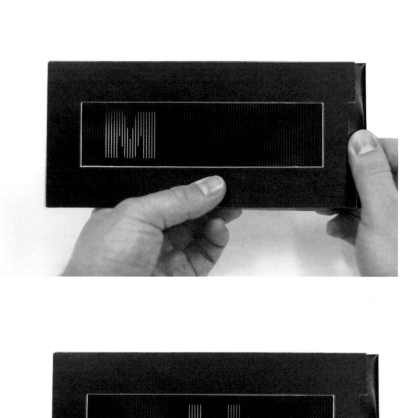

趣味巧克力包装

设计：*Kevin Harald Campean*

趣味巧克力包装分为白巧克力、黑巧克力和牛奶巧克力三种包装。从盒子里取出巧克力时，可以看到每个名字的字母一个接一个地出现，然后一个个地消失。包装运用了栅栏动画的方式，原理是两层以上的栅栏滑动时会产生一种图像变化的效果。

Kid Robot 限量版包装

设计：*Mei Cheng Wang*

限量版 Kid Robot 卡通公仔包装的灵感来自著名的文身艺术家KAT VOND。该包装的造型以及内部纹样都模仿了艺术家擅长的典雅哥特式风格，其黑色的精致外观也保持了她文身的特点，最终经过复杂的激光切割工艺制成。

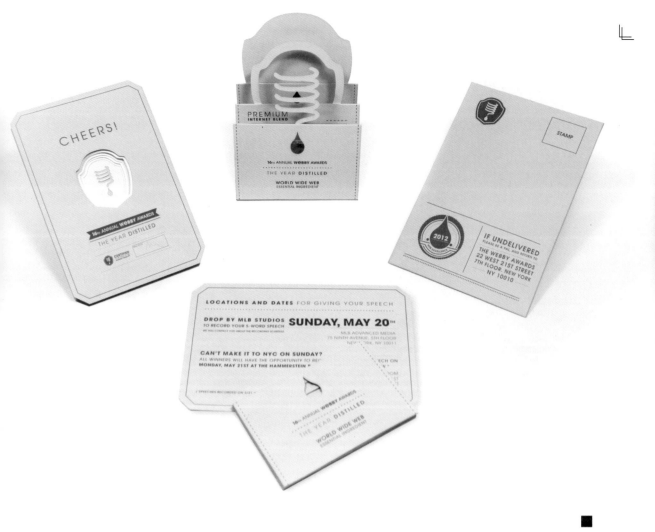

威比奖邀请函

设计：*The Webby Awards*

拥有"互联网奥斯卡"之称的威比奖（The Webby Awards）是数字行业最领先且具有权威性的国际大奖。此次大奖中，在邀请嘉宾的册子上做了独特的设计。标志有两种出现方式：一种是从上方弹出 Webby 标志，另一种是在册子中间通过镂空工艺露出大奖的标志。

Tommy Perez 名片

设计：*Tommy Perez*

名片采用简单的可折叠形式，表面模切部分英文字母，通过部分可翻起的字母图形的反面显示颜色。同时这些翻起的几何图形也可与另一半镂空的几何图形拼出完整的英文名字。名片体现了设计师日常工作的特质：裁剪、绘图和设计。

FEDRIGONI 目录册

设计：*Happycentro*

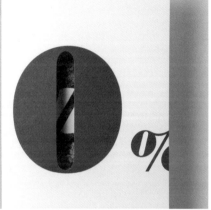

这是为纸商 FEDRIGONI 设计的目录册，意在展现该品牌环保生产的理念。目录册由再生纸制作，在以森林为背景的册子的表面用模切工艺制成字母 F。内文细节也使用了这种工艺，体现出册子设计的新意与质感。

致谢辞

感谢所有参与本书的国内外设计师，他们为本书的编写贡献了极为重要的素材与文章。同时感谢所有参与编写本书的工作人员，他们的辛勤工作使得本书得以顺利完成。

ACKNOWLEDGEMENTS

We owe our heartfelt gratitude to the designers at home and abroad who have been involved in the production of this book. Their contributions have been indispensable for the compilation. Also our thanks go to those who have made this volume possible by giving either editing or any supporting help.

卷尾语

亲爱的读者，我们是善本旗下的壹本工作室。感谢您购买《印刷的魅力——色彩模式与工艺呈现》，如果您对本书的编辑与设计有任何建议，欢迎您提出宝贵的意见。

联系邮箱：editor03@sendpoints.cn
投稿邮箱：editor09@sendpoints.cn
如果您对设计与艺术类的图书感兴趣，请关注善本出版的网站。
更多优惠活动信息，请浏览天猫善本图书专营店。